Fausto Andres Moreira-Izurieta

Tribologia de Tecidos Cartilaginosos

Fausto Andres Moreira-Izurieta

Tribologia de Tecidos Cartilaginosos

Lit. Revisão e Resultados Experimentais

ScienciaScripts

Imprint

Any brand names and product names mentioned in this book are subject to trademark, brand or patent protection and are trademarks or registered trademarks of their respective holders. The use of brand names, product names, common names, trade names, product descriptions etc. even without a particular marking in this work is in no way to be construed to mean that such names may be regarded as unrestricted in respect of trademark and brand protection legislation and could thus be used by anyone.

Cover image: www.ingimage.com

This book is a translation from the original published under ISBN 978-613-4-93626-2.

Publisher:
Sciencia Scripts
is a trademark of
Dodo Books Indian Ocean Ltd. and OmniScriptum S.R.L publishing group

120 High Road, East Finchley, London, N2 9ED, United Kingdom
Str. Armeneasca 28/1, office 1, Chisinau MD-2012, Republic of Moldova, Europe
Printed at: see last page
ISBN: 978-620-8-10234-0

Índice

Através da chuva, das águas e do fogo, Tu estiveste comigo. Porque em perfeita fidelidade fizeste coisas maravilhosas.

Isaías (25:1; 43:2)

Este é para si:

Roque Fer, o nosso pequeno grande ausente.

Porque a vossa memória foi sempre a chama que percorreu os nossos corações.

Mas também é para si:

Mãe e pai, o vosso amor e dedicação construíram o homem que sou, e estou aqui porque nunca desistiram de mim. Porque continuam a acreditar naquilo que eu ainda posso ser.

Jiejie, meu companheiro de batalha. Obrigado por seres o maior exemplo.

Obrigado por estarem sempre aqui.

Liz G, porque, desde que entraste na minha vida, só quero ser melhor e ir mais longe. Obrigada por todo o vosso amor, apoio e paciência.

Agradecimentos

A/Prof. Ahmad Jabbarzadeh, pela oportunidade de trabalhar consigo e por estar sempre presente para me ajudar. Porque me guiou e pediu o melhor de mim.

Dr. Shao Cong Dai, por toda a sua valiosa ajuda, mas especialmente pela sua paciência naqueles longos dias de trabalho no laboratório. Obrigado por começar cedo e ficar até tarde.

Dr. Phillip Boughton, por ter sido um grande apoio e motivação desde o meu primeiro dia em Sydney.

Ashis Khumar, por responder a todos os meus mails e por todas as orientações sobre o SurPass. Obrigado pelo suporte de amostra.

Roberty Velasco, por toda a ajuda na conceção e construção da ferramenta de extração.

Resumo

A tribologia desempenha um papel fundamental no funcionamento correto de todos os sistemas mecânicos. A tribologia aplicada à biologia, ou bio-tribologia, estuda a interação das superfícies nestes diferentes sistemas biológicos. O corpo humano é, sem dúvida, a máquina mais complexa e extraordinária que a engenharia poderia imaginar. A mecânica do corpo humano inclui uma série de sistemas de movimento e, por conseguinte, interações superficiais entre os seus componentes. Atualmente, um dos principais campos da indústria biomédica é a ortopedia; a substituição de articulações gastas, danificadas ou destruídas é, talvez, um dos avanços mais importantes da medicina do século passado. As interações superficiais naturais nas articulações ocorrem entre camadas de cartilagem que cobrem a porção de osso que participa nas estruturas de movimento. Para além disso, os componentes naturais de lubrificação, como o líquido sinovial, são também uma parte importante destes sistemas de movimento mencionados.

Este livro e o trabalho experimental têm como objetivo alargar o conhecimento sobre o comportamento das superfícies que fazem parte das articulações humanas. Os dois principais factores a analisar no ambiente natural da articulação cartilaginosa são: o coeficiente de atrito e as cargas superficiais. O coeficiente de atrito torna-se vital à medida que se altera ao longo da vida de um indivíduo; está diretamente relacionado com o desgaste do tecido cartilagíneo devido ao envelhecimento, mas é gravemente afetado por doenças. Por outro lado, as cargas superficiais, ou cargas electrostáticas das superfícies, são as que regem as interações biológicas (por exemplo, adsorção de proteínas e adesão celular) e desempenham um papel fundamental na interação do corpo com biomateriais de próteses articulares. O atrito foi analisado através da medição do coeficiente de atrito, enquanto as cargas superficiais foram analisadas através dos potenciais zeta. A aquisição de conhecimentos nesta área é essencial para melhorar a biomecânica dos implantes protéticos, de modo a obter caraterísticas tão próximas quanto possível das condições naturais do corpo. Isto, na via da melhoria dos actuais tratamentos, ou curas, para as articulações doentes, antes de ocorrer a substituição da articulação, e, além disso, para os casos em que a substituição da articulação é inevitável, para conceber e construir melhores dispositivos protéticos para implantes.

Introdução

A tribologia, tal como definida pelo Oxford Dictionaries, é *"o estudo da fricção, do desgaste e da lubrificação"* e também *"a ciência da interação de superfícies em movimento relativo"* [1]. Como parte deste estudo da interação das superfícies, a tribologia também abrange o estudo do sistema de lubrificação. A maioria, se não todos, os sistemas mecânicos envolvem algum tipo de interação de superfícies; a tribologia desempenha um papel vital na eficiência destes sistemas.

O corpo humano é, sem dúvida, a máquina mais complexa e extraordinária que a engenharia poderia imaginar. A mecânica do corpo humano inclui uma série de sistemas de movimento e, por conseguinte, interações superficiais entre os seus componentes. A tribologia em sistemas biológicos (ou biotribologia) engloba conceitos de física, química, biologia e ciência dos materiais [2]. As aplicações da biotribologia na engenharia biomédica são de natureza diversa; exemplos disso são: substituições totais de articulações, tribologia do calçado, tribologia da pele, tribologia ocular e oral, entre outras [3].

Atualmente, um dos principais domínios da indústria biomédica é a ortopedia. A substituição de articulações gastas, danificadas ou destruídas é, talvez, um dos avanços mais importantes da medicina do século passado. A substituição total das articulações, principalmente a substituição total do joelho e a substituição total da anca, foi registada, só em 2010, nos EUA, com mais de um milhão de casos [4]. Uma das principais razões para a realização dessas cirurgias é a osteoartrite, que ocorre quando a cartilagem das extremidades ósseas se desgasta [5].

As próteses totais de articulações combinam diferentes materiais em termos de interações de superfície. Foram propostos produtos que combinam metais, cerâmicas, UHMWPE e outros materiais para recriar as articulações humanas; assim, as interações superficiais têm uma importância notável na preservação dos dispositivos protéticos. A tribologia desempenha um papel importante na melhoria dos sistemas de substituição total das articulações na via do estudo das condições naturais de uma forma exacta.

De um ponto de vista biomecânico, o melhor substituto artificial para qualquer componente natural humano é aquele que recria as suas caraterísticas o mais próximo possível. As interações naturais da superfície das articulações ocorrem entre camadas de cartilagem que cobrem a parte do osso que participa nas estruturas de movimento. Para além disso, os componentes naturais de lubrificação, como o líquido sinovial, são também uma parte importante destes sistemas de movimento mencionados. Assim, as próteses de substituição total das articulações devem ter como objetivo reproduzir um sistema cartilagem-cartilagem + líquido sinovial.

Este livro, como uma revisão do estado da arte e uma análise experimental sobre biotribologia, com um âmbito na cartilagem das articulações sinoviais, tem como objetivo expandir o conhecimento de como as superfícies, como parte das articulações humanas, se comportam. Os dois principais factores a estudar, a partir do ambiente natural das articulações cartilaginosas, são: o coeficiente de atrito e as cargas superficiais. O atrito, definido como a força exercida por uma superfície quando um objeto se move através dela [6], torna-se vital à medida que se altera ao longo da vida de um indivíduo; está diretamente relacionado com o desgaste do tecido cartilagíneo devido ao envelhecimento, mas é gravemente afetado por doenças. Por outro lado, as cargas superficiais, ou cargas electrostáticas das superfícies, são as que regem as interações biológicas (por exemplo, adsorção de proteínas e adesão celular) [7] e desempenham um papel fundamental na interação do corpo com os biomateriais, desde as próteses articulares. Neste livro, o atrito é analisado através da medição do coeficiente de atrito, enquanto as cargas de superfície são analisadas através dos potenciais zeta medidos a partir de superfícies de tecido cartilaginoso.

A aquisição de conhecimentos nesta área é essencial para melhorar a biomecânica dos implantes protéticos, de modo a obter caraterísticas tão próximas quanto possível das condições naturais do corpo. A informação que se segue descreve sucintamente cada secção deste livro.

A Parte A resume a Revisão da Literatura em que se sustenta o trabalho experimental; revê o estado da arte, para permitir ao leitor compreender o ponto de vista a partir do qual o trabalho experimental é efectuado.

A Parte B reúne os objectivos, a metodologia e a análise dos resultados do trabalho experimental proposto.

A subsecção dois define os objectivos e as finalidades deste projeto. Estes não só especificam as variáveis a analisar, como também definem considerações especiais e limitações.

Na subsecção três, é apresentada a metodologia das experiências propostas para obter os dados e as informações necessárias para atingir os objectivos deste trabalho de investigação. São avaliadas duas abordagens principais diferentes: a análise da tribologia e a análise das cargas superficiais.

Na subsecção quatro, apresentam-se os resultados obtidos a partir das experiências executadas e procura-se mostrá-los em relação a estudos relevantes na mesma área de interesse.

Na subsecção 5, são discutidos os resultados obtidos e a sua importância para a compreensão de vários factores nesta área de investigação.

A subsecção 6 estabelece as conclusões obtidas a partir das experiências e os seus resultados em comparação com outra literatura relevante no mesmo domínio. São também apresentadas recomendações para investigação adicional e trabalho de investigação futuro.

PARTE A

Estado da arte

1. Revisão da literatura

1.1. Bases anatómicas do corpo humano

O corpo humano, de um ponto de vista geral, é constituído por três elementos: cabeça, tronco e membros. Em pormenor, é constituído por [8]: 208 ossos individuais; cerca de 700 músculos designados (viscerais, cardíacos e esqueléticos); um sistema cardiovascular que transporta cerca de 5 litros de sangue com oxigénio, nutrientes, hormonas e resíduos celulares por todo o corpo; um sistema nervoso para controlar o corpo e comunicar com todas as suas partes. Entre estas, outras estruturas importantes são responsáveis pela respiração (remoção do dióxido de carbono e aquisição de oxigénio), pela digestão dos alimentos, que é a extração dos nutrientes e a excreção dos resíduos, pela proteção e defesa do organismo contra agentes estranhos, e por vários outros sistemas especializados, com funções específicas, indispensáveis à preservação da vida.

O estudo do movimento dos seres vivos foi definido como biomecânica, como uma subdisciplina da cinesiologia, o estudo do movimento humano [9]. Os sistemas esquelético e muscular são relevantes para a biomecânica do corpo humano, em termos de movimento. As funções do sistema esquelético são principalmente fornecer suporte, estrutura básica e estrutura da massa corporal, bem como a produção de células sanguíneas [10]. Pelo contrário, o sistema muscular é responsável não só pelo movimento do esqueleto, mas também pela manutenção da sua postura em estado estacionário e, adicionalmente, pela produção de calor através do metabolismo celular [11]. A biomecânica abrange a combinação destes dois sistemas importantes como um único sistema com comportamento estático e dinâmico.

Relevante para o trabalho de investigação descrito neste livro, é o estudo dos pontos onde ocorre o movimento no corpo humano; isto é, os locais onde os ossos se ligam a outros ossos para criar articulações. Os músculos ligam-se aos ossos através dos tendões, enquanto os ossos se ligam a outros ossos através dos ligamentos. O movimento nas articulações ocorre devido à contração, ou extensão, dos músculos que criam alavancas onde os tendões levantam, ou libertam, os ossos ligados e as suas estruturas associadas. Existem vários tipos de articulações ao longo do corpo; nem todas estas articulações são móveis, pois desempenham também outras funções. As diferenças nos tipos de articulações não variam apenas em termos de graus de liberdade e amplitudes de movimento, mas também nas caraterísticas da interação entre os elementos participantes.

Do ponto de vista biomecânico, a anatomia do corpo humano inclui a interação de ossos e músculos em articulações móveis. As principais articulações móveis e as suas caraterísticas específicas são analisadas em termos gerais nas subsecções seguintes deste capítulo. A descrição biomecânica dos principais tipos de articulações também é abordada em pormenor.

1.2. Fundamental para as articulações humanas.

Os pontos onde dois ossos se ligam são também conhecidos como juntas ou articulações. As articulações destinam-se a manter unidas partes do corpo; algumas são móveis, ou diartróidicas, e outras são fixas [12]; as articulações diartróidicas são as que permitem diferentes tipos de movimentos no corpo humano. Foram definidos três tipos principais de articulações móveis para o corpo humano: fibrosa, cartilaginosa e sinovial.

As articulações fibrosas têm um movimento limitado, ou nenhum, e existem quando dois ossos estão ligados por tecido fibroso duro. Um exemplo deste tipo são as suturas no crânio [13]. As articulações cartilagíneas permitem uma certa amplitude de movimento, nalguns casos grande, mas os graus de liberdade são limitados. O movimento nas articulações cartilagíneas depende das superfícies cartilagíneas deslizantes presentes nas extremidades dos ossos onde estes se fixam a outros ossos. Exemplos destas articulações são as articulações vertebrais, do cotovelo e do pulso, entre outras [13]. As articulações sinoviais são, talvez, o tipo de articulação mais complexo do corpo. Permitem uma amplitude de movimento total e vários graus de liberdade num único nó. As articulações sinoviais consistem não só em superfícies cartilaginosas interactivas na extremidade dos ossos, mas também na presença de um lubrificante natural conhecido como líquido sinovial [13, 12]. O melhor exemplo deste tipo de articulações é o joelho.

1.2.1. Anatomia das articulações humanas

Anatomicamente, o ambiente de uma articulação humana compreende a participação de diferentes elementos: osso, cartilagem, proteínas e colagénios. Estes componentes desempenham papéis muito importantes na otimização da estrutura mecânica das articulações humanas.

O osso humano é um material compósito anisotrópico, não-homogéneo e visco-elástico [12]. É composto por hidroxiapatite (43%), colagénio tipo I (36%), água (14%) e uma pequena porção de mucopolissacarídeos (<1%) [12]. No geral, as propriedades mecânicas do osso são óptimas em termos de desempenho, o seu conteúdo mineral proporciona uma elevada resistência e rigidez; no entanto, também reduz a tenacidade, como a sua capacidade de absorção de energia de choque e tensão [14]. No ambiente articular, o osso apresenta grandes caraterísticas, uma vez que é suficientemente resistente, mas também é leve. Os ossos que participam nas articulações relevantes para este trabalho de investigação têm uma anatomia e microestrutura semelhantes às descritas na figura 1.

A cartilagem é um tecido conjuntivo, que consiste numa superfície lisa que rodeia as extremidades dos ossos quando estes se encontram com outros ossos para formar uma articulação; proporciona amortecimento às articulações [15]. A cartilagem é um material multifásico com uma fase fluida composta por até 85% de água e uma fase sólida constituída por colagénio, principalmente do tipo II, proteoglicanos e glicoproteínas [14]. A espessura da cartilagem articular nas articulações humanas varia de 2 a 4 milímetros nas extremidades do fémur e da tíbia [14]. Histologicamente, as células unitárias da cartilagem são os condrócitos, e os seres humanos são os que apresentam maior densidade deste tipo de células [16]. A cartilagem articular é avascular, ou seja, não recebe irrigação sanguínea, o que tem bons e maus resultados; bons porque é mais fácil de preservar em determinadas condições de lesão ou doença, mas maus porque é difícil de regenerar [16, 12]. A cartilagem é também anisotrópica, porosa e tem grandes caraterísticas compressivas; quando é aplicada tensão, o fluido flui para fora do tecido e regressa quando é removido [14]. O coeficiente de atrito entre duas superfícies cartilaginosas é menor do que o existente entre dois cubos de gelo [14].

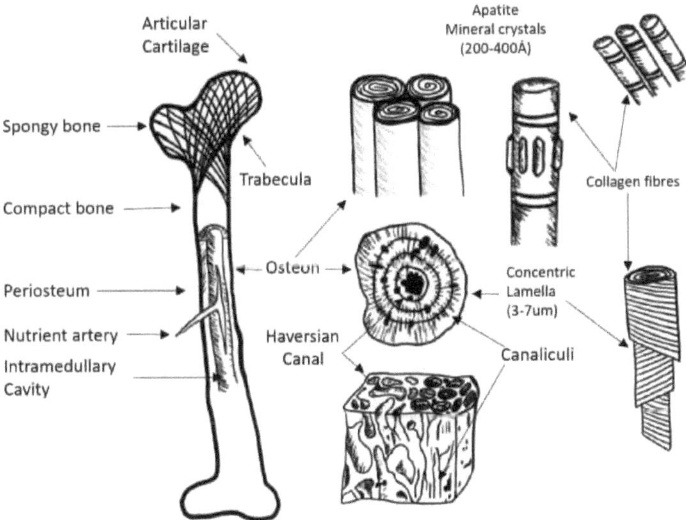

Figura 1. Microestrutura do osso longo [17].

A cartilagem é composta por várias proteínas e colagénios, os quais são responsáveis pela maioria das suas caraterísticas. As proteínas são substâncias bioquímicas que permitem o funcionamento das funções biológicas [12]. O colagénio é uma proteína estrutural feita de diferentes aminoácidos (um tipo de proteínas); os principais constituintes da cartilagem são a glicina, a prolina, a hidroxiprolina, entre outros ácidos polares e básicos [12].

1.2.2. Cargas de superfície na cartilagem articular

As propriedades mecânicas da cartilagem são também derivadas das cargas electrostáticas presentes de diferentes formas ao longo do tecido, tal como descrito por Pal Subatra em [14]. O tecido cartilaginoso apresenta grande resposta à adesão de filmes fluidos, levando a uma qualidade superior de lubrificação e adsorção de choques. Esta caraterística única, relevante para a biomecânica das articulações, emerge da interação existente entre fluidos, moléculas de proteoglicanos e cargas electrostáticas nas superfícies cartilaginosas; foram encontradas cargas positivas nas moléculas de colagénio e cargas negativas nas moléculas de proteoglicanos [14]. Outro tipo de cargas de superfície são as forças hidrostáticas que aparecem quando um fluido tenta mover-se através do tecido cartilaginoso [14].

1.3. Biomecânica das articulações humanas

Como já foi referido neste documento, o corpo humano é certamente a máquina mais completa com que a engenharia alguma vez sonhou. A conjugação dos sistemas muscular e esquelético gera um incrível sistema de movimento, capaz de amplos tipos e gamas de movimentos, bem como estruturas de transmissão de força altamente eficientes; estes eventos no corpo humano ocorrem nas articulações. A biomecânica é a aplicação da mecânica, como o estudo das forças e dos seus efeitos [18], aos sistemas biológicos, especificamente ao corpo humano.

Para desenvolver um conhecimento correto e organizado dos sistemas biomecânicos, o primeiro elemento a definir são os planos corporais. Os planos corporais delimitam referências específicas necessárias para descrever as posições estruturais e a direção do movimento funcional [18]. Os principais planos do corpo são três: o plano sagital, o plano coronal e o plano transversal. O plano médio-sagital é utilizado para mostrar os movimentos de flexão e extensão; o plano coronal para a flexão e extensão lateral, ou abdução e adução; o plano transversal é para a rotação medial e lateral [18]. A Figura 2 explica graficamente cada um dos planos do corpo.

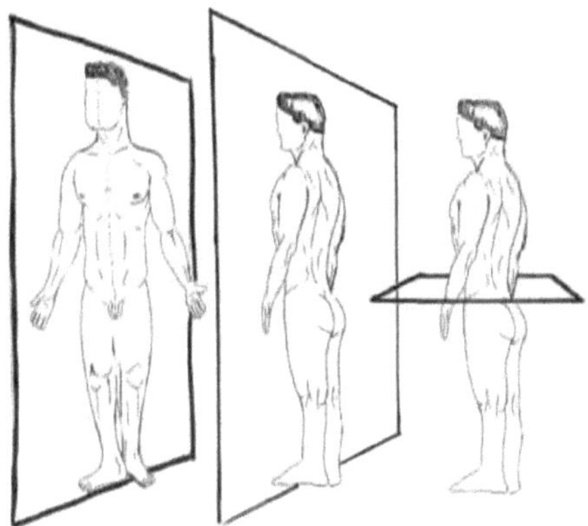

Figura 2. Planos do corpo. (A) Plano médio-sagital; (B) Plano coronal; (C) Plano transversal [18].

Continuando com a configuração dos planos do corpo, o passo seguinte refere-se ao eixo de movimento necessário para definir claramente os movimentos do corpo humano. Os eixos são linhas em torno das quais se realizam os movimentos; os eixos estão relacionados com os planos. Com base nisto, deve ser especificado um sistema de coordenadas tridimensional para a descrição do movimento no corpo. A figura 3 ilustra o exemplo de como os eixos de movimento são estabelecidos na análise de um elemento vertebral; a translação e a rotação ao longo destes três eixos geram um sistema de 6 graus de liberdade.

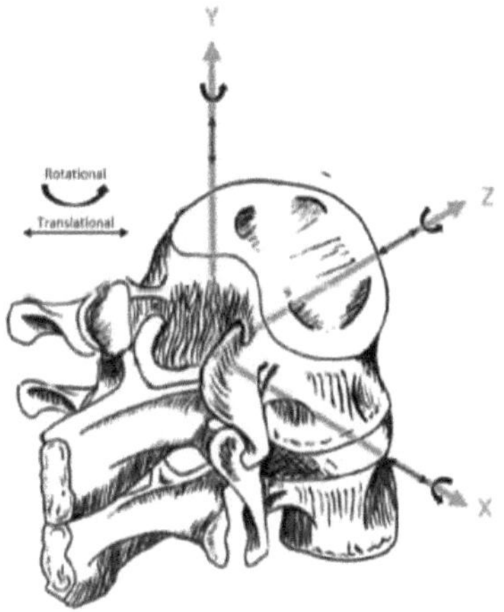

Figura 3. Sistema de coordenadas tridimensional para uma vértebra [18].

Uma vez estabelecido o sistema de coordenadas básicas com os seus planos e eixos para a descrição dos sistemas mecânicos nos movimentos do corpo, o passo seguinte é estabelecer um modelo válido para definir os tipos de eventos mecânicos nas articulações humanas; o modelo amplamente aplicado para este fim é a alavanca. As alavancas são constituídas por uma barra rígida que, sob a aplicação de uma força, gira em torno de um ponto fixo, conhecido como fulcro [18]. No corpo, a força é aplicada pelos músculos e tenta opor-se a uma força de resistência ao longo da parte do corpo a ser movida, devido à sua massa e peso. As alavancas nas articulações humanas são de três tipos.

Numa alavanca de primeira classe, o fulcro está localizado entre a força e a força de resistência. Uma gangorra é o exemplo mais comum deste tipo de alavanca. No corpo humano, a extensão do antebraço através da contração do tríceps tem como fulcro o cotovelo; outro bom exemplo é o pivô que ocorre na coluna vertebral [18]. A Figura 4 ilustra as alavancas de primeira classe.

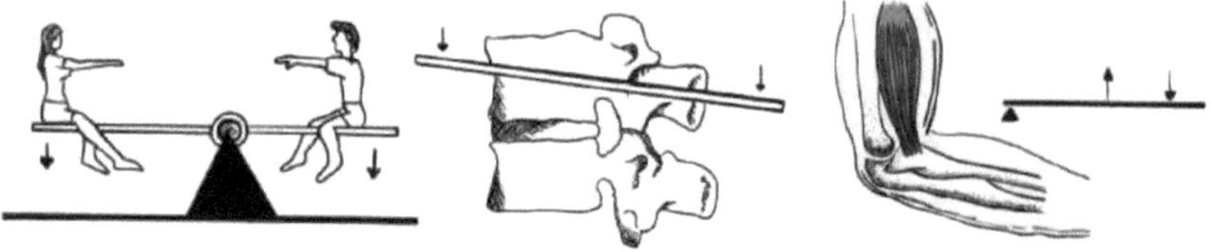

Figura 4. Alavancas de primeira classe [18].

As alavancas de segunda classe têm o fulcro numa extremidade e a força de resistência no meio e a força aplicada. Exemplo deste tipo de alavanca em termos gerais é um carrinho de mão, e no corpo humano é ficar na ponta dos pés, onde a força aplicada é na barriga da perna, a força de resistência é o peso do corpo e o fulcro está localizado nas bolas dos pés. A figura 5 mostra a classe de alavanca 2 no corpo humano.

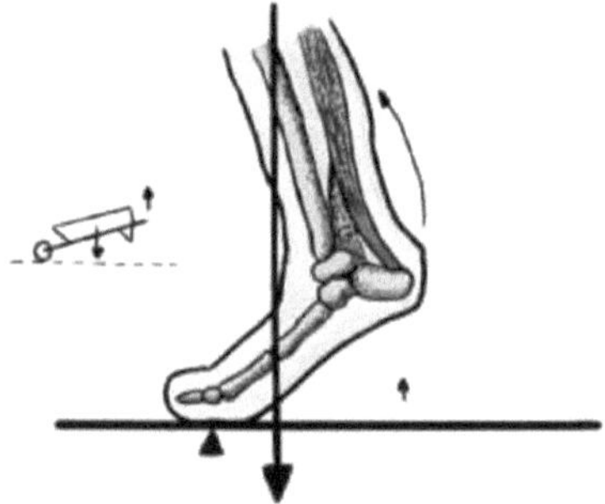

Figura 5. Alavanca de segunda classe.

As alavancas de terceira classe são as mais fáceis de encontrar no corpo humano; são aquelas em que o fulcro está numa extremidade, e a força aplicada está localizada entre ela e a força de resistência. Um bom exemplo disto é a flexão do antebraço pela contração do músculo bíceps [18]. Em termos gerais, a elevação de uma pá com detritos é uma alavanca de terceira classe. O exemplo da figura 6 mostra com exatidão esta classe de alavanca.

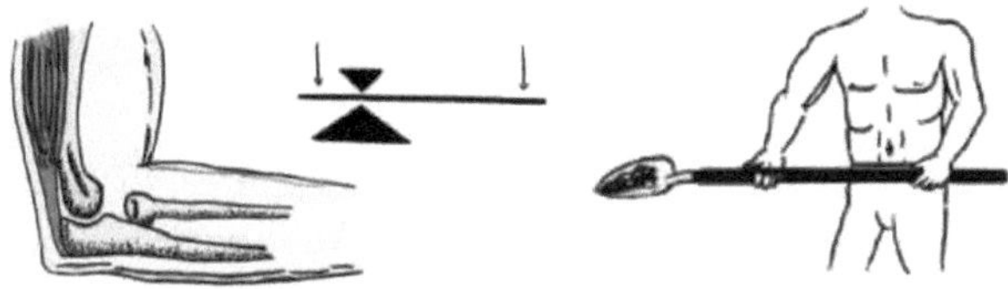

Figura 6. Alavanca de terceira classe [18].

O movimento nas articulações ocorre em determinadas circunstâncias e de determinadas formas quando os músculos se contraem ou a gravidade actua. Para além dos diferentes tipos de alavanca, que classificam o movimento de acordo com a sua forma de interagir com as forças, o movimento no corpo humano também pode ser classificado de acordo com a natureza do movimento na própria articulação. No que se refere às superfícies articulares que se movem em relação umas às outras, ocorre a oscilação, a rotação, o rolamento e o deslizamento [18]. A rotação e o balanço, de acordo com a informação disponível em [19], são movimentos de rotação em torno de um eixo mecânico. O rolamento acontece quando pontos na superfície de um osso contactam com pontos no mesmo intervalo do outro osso; o deslizamento acontece quando apenas um ponto numa das superfícies participantes contacta com vários pontos na restante [18]; a figura 7 descreve estes movimentos de forma precisa. Normalmente, nas articulações humanas, uma geometria curva convexa move-se ao longo de uma geometria côncava. Neste tipo de articulações, a rotação e o deslizamento são combinados para aumentar a amplitude de movimento. Além disso, esta combinação resulta numa vantagem anatómica importante, uma vez que o tecido cartilaginoso é eficientemente aproveitado e, por isso, é necessário menos para reduzir a fricção e o desgaste da articulação [18].

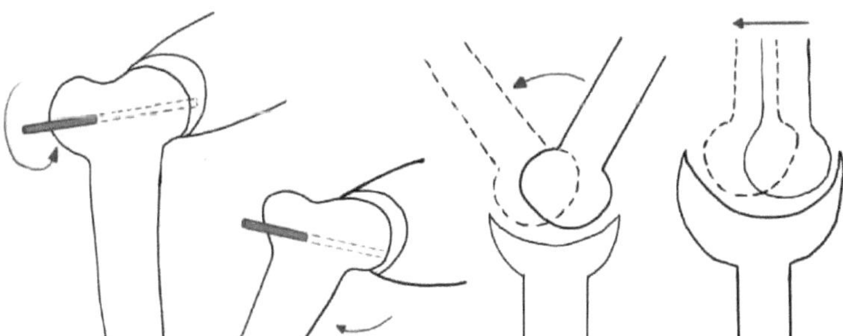

Figura 7. Tipos de movimentos nas articulações. (Da esquerda para a direita) Girar; Balançar; Rolar; Deslizar [18].

As articulações mais relevantes, especialmente em termos de substituições artificiais de articulações, no corpo humano, e as suas estruturas associadas mais importantes, são descritas nas subsecções seguintes. As articulações relevantes para este trabalho de investigação são aquelas em que as cirurgias de substituição total das articulações são habitualmente realizadas; são elas o ombro, o cotovelo, a anca, o joelho e o tornozelo.

1.3.1. Ombro

A articulação principal do ombro é conhecida como articulação gleno-umeral; as articulações secundárias do ombro são as articulações esternoclavicular, manubrioclavicular, escapulotorácica, subdeltóidea e acromioclavicular. [20]. A articulação gleno-umeral é formada por três ossos: úmero, clavícula e omoplata; todos estes ossos estão ligados por ligamentos e tendões. A articulação do ombro é do tipo bola e encaixe. A articulação glenoumeral apresenta uma cápsula que se situa no interior da omoplata, do úmero e da cabeça do bíceps, e que alberga também uma membrana sinovial fina e lisa [12]. A Figura 8 ilustra o ambiente da articulação do ombro.

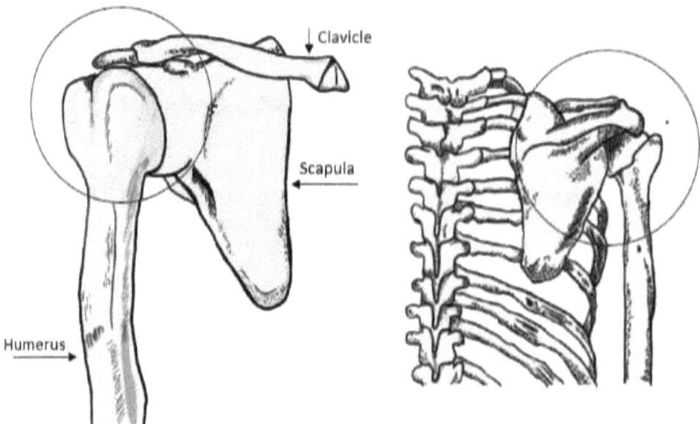

Figure 8.   A articulação do ombro e os seus ossos [14].

Do ponto de vista biomecânico, a articulação do ombro está estruturada como mostra a figura 9. A articulação gleno-umeral tem pelo menos três graus de liberdade, considerando movimentos translacionais limitados [14]. Em termos de abdução e adução, é de 180° e 75°, respetivamente; a flexão e extensão é de aproximadamente 180° e 60°, enquanto a flexão e extensão horizontal é de 130° e 60°; a exo-rotação e endo-rotação (rotação para fora e para dentro) é de cerca de 60° e 80° [14]. De acordo com a informação fornecida por Wallace em 1998 [21], em circunstâncias normais, o ombro de um homem adulto de 70 kg está exposto a forças até 90 kg.

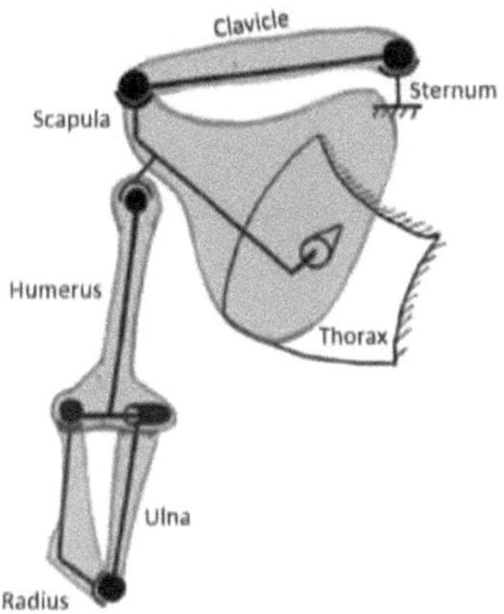

Figura 9. Modelo de diagrama de corpo livre para a articulação do ombro [14].

1.3.2. Cotovelo

A articulação do cotovelo, é a que se encontra no meio do braço e é constituída por três ossos: úmero, rádio e cúbito. Os movimentos possíveis na articulação do cotovelo são: flexão, extensão, supinação e pronação; os dois primeiros ocorrem na articulação ulno-humeral e os dois restantes na articulação radioulnar [14]. Os músculos que actuam na articulação do cotovelo são o bíceps, o tríceps, o supinador e o medial [13].

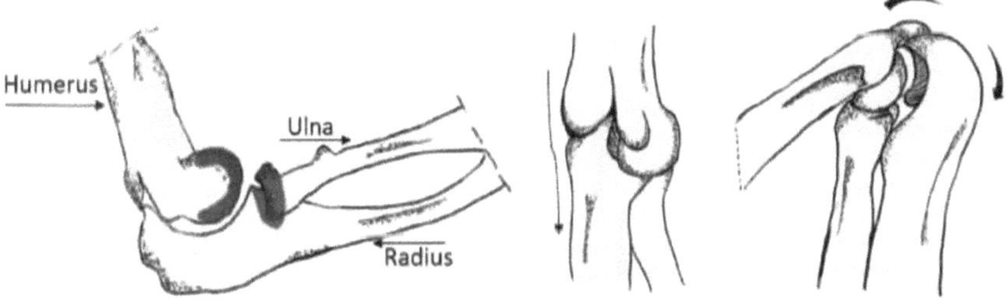

Figura 10. Anatomia do cotovelo, partes e descrição do movimento [14, 21]

A figura 10 ilustra a anatomia dos ossos do cotovelo, descreve as suas articulações e principais movimentos. A membrana sinovial do cotovelo estende-se a partir da cabeça do úmero e projecta-se entre o rádio e o cúbito [14].

Em termos de condições biomecânicas, o cotovelo pode enfrentar dois tipos diferentes de alavanca; um quando se estende e o outro quando se flecte [18]. As figuras 11 e 12 descrevem com precisão a interação das superfícies durante a flexão e a extensão. No caso do cotovelo, em adultos médios, a amplitude de movimento atinge 142° quando totalmente fletido; a posição totalmente estendida é considerada 0° [12]. Os termos de fadiga na articulação do cotovelo são habituais, uma vez que é, talvez, a articulação com maior participação nas actividades diárias e a que sofre maior tensão devido à interação direta com forças externas. O binário de rotação é outro fator chave que afecta esta articulação [12]. As actividades em que o cotovelo suporta maiores magnitudes de carga são as de empurrar ou puxar, o que implica forças de cerca de 600 N [21].

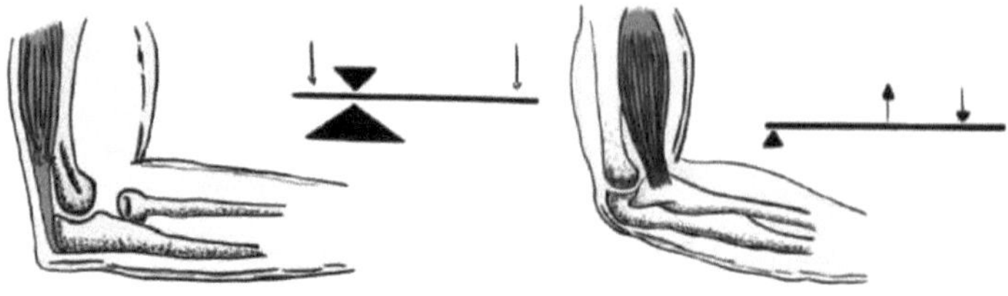

Figura 11. Alavancas no cotovelo; diagrama de corpo livre [18].

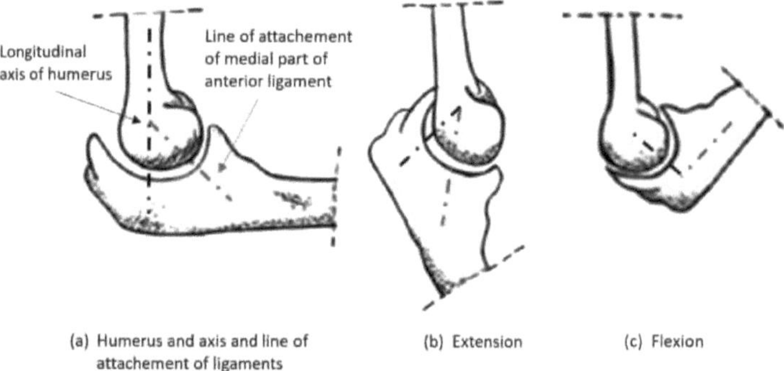

Figura 12. Flexão e extensão do cotovelo [12].

1.1.3. Anca

Uma das partes estruturais mais importantes do sistema esquelético é a anca. É composta por várias partes e ossos que interagem entre si: ílio, sacro, cóccix, aiis, púbis, tuberosidade isquiática e fémur [12, 14]. A articulação da anca é a que ocorre entre o acetábulo e a cabeça do fémur; é uma articulação sinovial em que as superfícies estão cobertas por uma camada de cartilagem hialina forte mas lubrificada [14]. A articulação da anca é uma articulação de bola e encaixe em que a cabeça do fémur está contida no acetábulo, que é, em média, uma cavidade com um raio de curvatura de 25 mm [22]. A anca tem a segunda maior amplitude de movimento do corpo, apenas a seguir ao ombro, mas suporta metade do peso de todo o corpo [14]. A figura 13 mostra a articulação da anca com os seus componentes específicos; é importante realçar a posição da membrana sinovial nesta figura, estando a mesma localizada entre o grande trocânter e a cabeça do fémur.

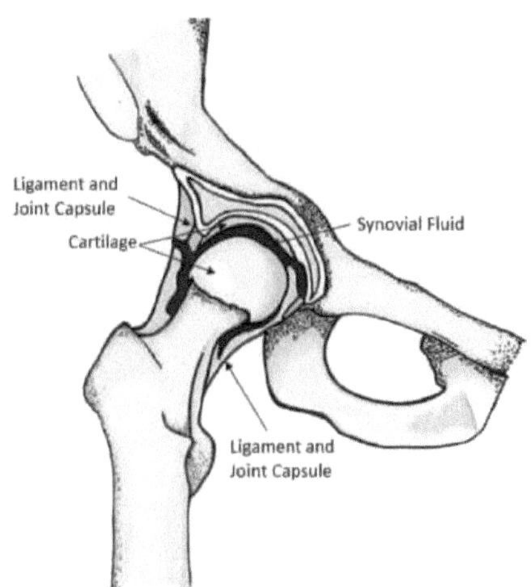

Figura 13. Anatomia da articulação da anca [14].

De um ponto de vista biomecânico, a anca é uma estrutura extraordinária com uma capacidade de suporte de forças espantosa e amplas gamas de movimento. Os movimentos possíveis na anca são os descritos a seguir. Rotação externa: 30° quando estendida, 50° quando flectida; rotação interna: 40°; extensão: 20°; flexão: 140°; abdução: 50° quando estendido, 80° quando flexionado; adução: 30° quando estendida, 20° quando flectida [14]. Para diferentes condições, a articulação da anca pode suportar o peso do corpo; por exemplo, numa marcha normal, suporta 5 vezes o peso do corpo, enquanto que, ao correr, pode suportar até 8 vezes o peso do corpo; 10 será o fator quando se salta [23].

1.1.4. Joelho

O joelho apresenta-se como o elemento responsável por proporcionar estabilidade e mobilidade a todo o corpo. Em termos anatómicos gerais, o joelho deve ser capaz de possuir todos os mecanismos para atingir os dois objectivos anteriormente referidos. Em termos mecânicos, o joelho deve ser capaz não só de suportar quase metade do peso do corpo durante todo o tempo (43% em cada joelho) [12], mas também o evento mais comum e cíclico das actividades diárias humanas, a marcha. O número recomendado de passos por dia para um adulto na Austrália é de dez mil [24], com o objetivo de conservar uma boa saúde. Estes 10.000 passos também significam o mesmo número de ciclos diários em cada joelho; a solução não é, de todo, deixar de andar ou andar menos, não só por causa de factores de saúde, mas também porque a carga mecânica existente ao andar e ao estar de pé é fundamental para estimular a osteoclasteogénese e, além disso, reduzir o risco de osteoporose e outras doenças associadas [25].

O joelho é a articulação criada na ligação entre o fémur e o perónio. A sua forma é conservada através da existência de diferentes tendões e ligamentos, entre outras estruturas. Especificamente, o joelho é formado entre os côndilos da região inferior do fémur e a região superior do platô da fíbula, com uma estrutura intermediária conhecida como menisco e protegido pela patela, ou rótula [12]. A Figura 14 apresenta parcialmente os elementos constituintes do joelho.

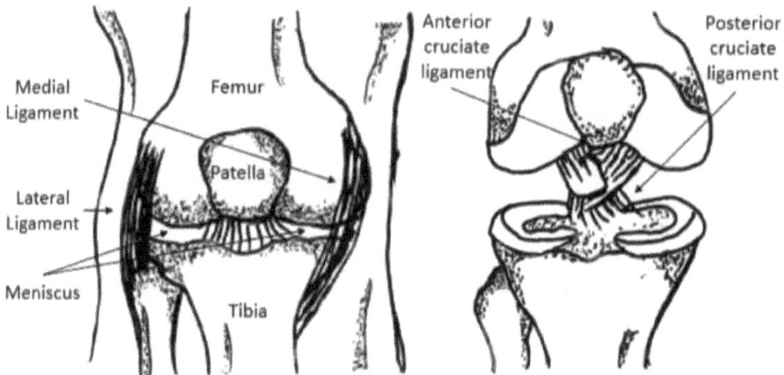

Figura 14. Anatomia do joelho [12].

Quando se fala de biomecânica, o joelho é, talvez, a articulação mais complexa e completa. Abrange um grande número de graus de liberdade, bem como amplitudes de movimento. Para além disso, o suporte de carga no joelho e a sua distribuição é um exemplo notável de um sistema mecânico. Os movimentos do joelho são a flexão, a extensão, a rotação medial e a rotação lateral [14]. As forças compressivas e de cisalhamento na articulação do joelho podem atingir até seis vezes o peso do corpo (420 kg) [12]. Além disso, o joelho enfrenta movimentos de binário rotativo que aumentam a fadiga, o desgaste e a rotura [26]. As amplitudes de movimento do joelho situam-se entre 0 e 135° para flexão e extensão; a rotação lateral atinge alguns graus e milímetros de deslocação [14].

1.1.5. Biomecânica da Cartilagem

As células unitárias da cartilagem encontradas nas articulações são conhecidas como condrócitos. Estão presentes em pequeno número e são compostos por vários materiais diferentes, tais como proteoglicanos, colagénio, principalmente do tipo II, e outros, mas especialmente, 70-80% de água [27]. A densidade de condrócitos, bem como o conteúdo de água e a concentração de proteoglicanos varia ao longo do tecido; mais perto da superfície, a concentração de proteoglicanos é relativamente baixa e a de água é alta, enquanto perto do osso subcondral, a presença de água é baixa e a de proteoglicanos é alta [27, 16]. A arquitetura do colagénio também difere ao longo do tecido [27]. A Figura 15 ilustra em pormenor a composição e a estrutura da cartilagem articular.

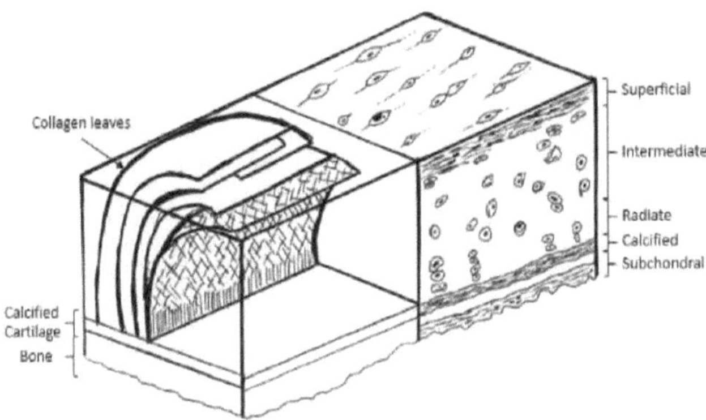

Figura 15. Secção de corte através da espessura da cartilagem articular [28].

A cartilagem articular apresenta caraterísticas notáveis no que respeita à adesão de fluidos; esta adesão de fluidos contribui para a lubrificação da articulação. A lubrificação na cartilagem articular ocorre de duas formas diferentes: a lubrificação limite e a lubrificação sinovial [27]. A lubrificação de fronteira pode atingir um baixo coeficiente de atrito, mas carece de uma película de fluido sinovial para melhorar as suas caraterísticas; esta lubrificação ocorre quando se efectuam movimentos lentos e agora cíclicos [27]. Em contraste, a lubrificação por película de fluido requer uma película de fluido sinovial entre as superfícies em movimento, o que reduz ainda mais o coeficiente de atrito; é comum quando ocorrem movimentos cíclicos e rápidos. Além disso, neste caso, a espessura do fluido lubrificante deve ser maior do que a rugosidade das superfícies opostas [27]. No entanto, alguns autores [29, 30], propõem que a combinação de ambos os mecanismos é a razão para o baixo atrito nas articulações sinoviais. A excelente adesão de fluidos, ou lubrificantes, à cartilagem articular é um efeito das cargas superficiais na superfície da mesma. Os proteoglicanos conferem-lhe uma carga negativa e o colagénio uma carga negativa, o que contribui para a adsorção de proteínas [12]. Por exemplo, o ácido hialurónico, um dos principais componentes do fluido sinovial, é atraído pela carga negativa dos proteoglicanos nas profundezas do tecido cartilaginoso, o que resulta numa forte adesão ao fluido sinovial [27].

Em termos de propriedades materiais, a cartilagem tem caraterísticas excepcionais; tal como a maioria dos componentes biológicos, é altamente eficiente. A cartilagem comporta-se como um material inteligente, expulsa água quando recebe cargas compressivas e reabsorve o fluido quando a carga adicional desaparece [12, 27]. As propriedades da cartilagem são brevemente detalhadas da seguinte forma [27]: tem um módulo agregado de 0,5 - 0,9 MPa; módulo de Young na gama de 0,45 - 0,80 MPa; permeabilidade entre 10^{-15} e 10^{-16} m^4 /Ns; coeficiente de Poisson inferior a 0,4; estas propriedades dependem todas da concentração de água.

1.1.6. O líquido sinovial

De acordo com o dicionário Oxford de Zoologia, o líquido sinovial é um líquido claro que lubrifica as articulações, é constituído por albumina e mucina e tem a propriedade de mudar de líquido para gel sob tensão de cisalhamento e de voltar a mudar quando esta cessa [31]. O líquido sinovial é composto principalmente por proteoglicano 4 (PRG4), ácido hialurónico (HA) e fosfolípidos de superfície ativa (SAPL); estes lubrificantes são segregados pelos condrócitos na cartilagem articular [32].

Numa articulação sinovial normal, o coeficiente de atrito é consideravelmente baixo, cerca de 0,001 [14, 27]; para se ter uma ideia, o Teflon tem um coeficiente de atrito de 0,04. O comportamento do fluido sinovial difere consoante as condições externas, por exemplo, com cargas elevadas, o coeficiente de atrito é fraco, ao passo que, com cargas baixas, apresenta propriedades óptimas [27]. A interação do líquido sinovial com a cartilagem articular é o que, especificamente, dá às articulações um movimento ótimo com um baixo coeficiente de atrito. Estudos realizados por James, Fick e Baines sugerem que as cadeias de ácido hialurónico no líquido sinovial se ligam à cartilagem articular devido às cargas de superfície existentes na camada de fosfolípidos que a cobre [33]. Isto, mais uma vez, realça a importância do estudo das cargas de superfície existentes na cartilagem articular.

Dito isto, o líquido sinovial não é o único nem o mais importante método de lubrificação nas articulações, mas a combinação de diferentes formas de lubrificação (ver 2.3.5) confere às articulações sinoviais as suas excelentes caraterísticas. No entanto, é importante mencionar que as cargas baixas são as que se verificam na maioria das actividades comuns realizadas por um indivíduo, pelo que o líquido sinovial tem um significado relevante para este trabalho de investigação.

1.4. Fisiopatologia das articulações humanas

As articulações humanas, como qualquer outro corpo biológico, enfrentam ameaças de diferentes origens. Estas ameaças podem levar à destruição parcial ou total de um ou de todos os seus elementos. A secção seguinte analisa as diferentes causas, ou pelo menos as principais, da degenerescência articular. Algumas destas condições são específicas de cada uma das articulações anteriormente descritas. Além disso, são também detalhadas três das principais causas de degradação articular, de acordo com os critérios de [12, 14].

1.4.1. Degradação das articulações

As articulações degradam-se de diferentes formas, mas principalmente devido às suas condições biomecânicas normais que, dependendo de cada caso específico, enfrentam diferentes tipos de cargas cíclicas elevadas, stress elevado, binário, tensão, compressão, fricção, entre outros. Foram definidas três causas principais para esta degradação articular: osteoartrite, artrite reumatoide, infeção e traumatismo [12].

No caso do ombro, a razão mais comum da degradação total de uma articulação e da necessidade de artroplastia do ombro é a osteoartrite, que pode ocorrer sem qualquer lesão prévia no ombro [14]. O ombro, por natureza, não é uma articulação de suporte de peso, pelo que, normalmente, não enfrenta níveis elevados de desgaste. No entanto, algumas lesões, como uma luxação, podem deixar uma articulação instável, que é mais suscetível de enfrentar uma maior carga. Eventos como fracturas também podem levar à formação de calos e fibrose em alguns pontos onde a carga ou a fricção podem ser aumentadas [14].

A degradação do cotovelo que requer uma substituição total é normalmente causada por traumatismo ou artrite, no entanto, o cotovelo enfrenta algumas condições adicionais como a tendinite e o cotovelo de tenista ou de golfista. A tendinite é um tipo de doença que ocorre quando os tendões dos músculos flexores são danificados [14]. O cotovelo é também mais suscetível de sofrer fracturas. A artrite reumatoide também é comum entre os doentes com cotovelo [14].

A anca, como elemento de suporte de cargas elevadas, é um elemento normalmente afetado pela osteoartrose, sendo uma das articulações mais comuns que requerem substituição. No entanto, traumas, como fracturas, especialmente em pacientes idosos, podem levar a necrose avascular e outras condições que podem afetar ainda mais o estado da articulação [14]. A anca é um componente que enfrenta vários problemas devido a eventos cíclicos [12].

A articulação do joelho é provavelmente a que apresenta um maior número de ameaças. Esta articulação envolve um grande peso nas suas superfícies e é também frequentemente danificada em diferentes tipos de traumas e doenças como a osteoartrite e a artrite reumatoide; isto para além de outras condições como a tendinite [14]. A articulação do joelho não só enfrenta as ameaças mencionadas, como também é um local comum para a ocorrência de fracturas e, além disso, as rupturas ligamentares também costumam ocorrer nela; todas estas lesões traumáticas alteram a biomecânica natural, aumentando assim o desgaste das superfícies [12].

1.4.1.1. Osteoartrite

A osteoartrite é o tipo mais comum de artrite, afectando principalmente, mas não só, pessoas idosas. Estima-se que afecte cerca de 20 milhões de pessoas só nos EUA [5]. É também designada por doença articular degenerativa. A artrite afecta principalmente a cartilagem das articulações. Na osteoartrite, a camada superficial da cartilagem quebra-se e desgasta-se. Em seguida, o osso sob a cartilagem esfrega-se nas articulações e provoca a perda de forma entre os doentes com dores fortes [34].

O tratamento da osteoartrite é ainda muito limitado. Algumas tentativas farmacêuticas têm

têm sido feitas para reduzir a dor e de alguma forma restaurar a estrutura, no entanto, só conseguem controlar a doença até certo ponto [34]. Os casos graves de osteoartrite só podem ser tratados através de uma substituição total da articulação. A Figura 16 mostra um exemplo dos efeitos da osteoartrite numa articulação do joelho.

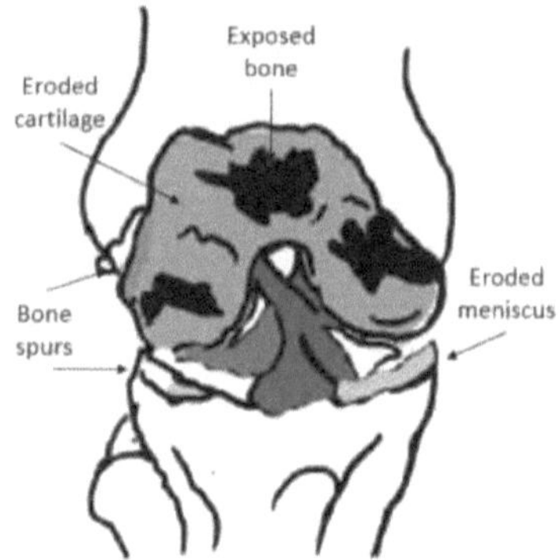

Figura 16. Efeitos da osteoartrite numa articulação do joelho [12].

1.4.1.2. Artrite reumatoide

A artrite reumatoide (AR) é uma doença autoimune em que o organismo, através dos seus mecanismos de defesa normais, ataca os tecidos das articulações, reconhecendo-os como estranhos [35]. Afecta cerca de 1,5 milhões de pessoas apenas nos EUA, mais frequentemente mulheres entre os 30 e os 60 anos [35]; é rara nos homens, mas ocorre geralmente depois dos 60 anos. É o tipo mais comum de artrite autoimune e afecta frequentemente pequenas articulações, como as do pulso e dos dedos [36], mas também ataca frequentemente articulações maiores como, por exemplo, o joelho. Em grande parte, ainda não se sabe o que causa a artrite reumatoide; factores genéticos, ambientais e hormonais podem contribuir [37]. A inflamação no ambiente articular, causada pela AR, leva à degeneração da cartilagem, dos ossos e dos ligamentos [12, 36, 35]. A Figura 17 descreve um joelho com artrite reumatoide e alguns dos efeitos da doença nesta articulação.

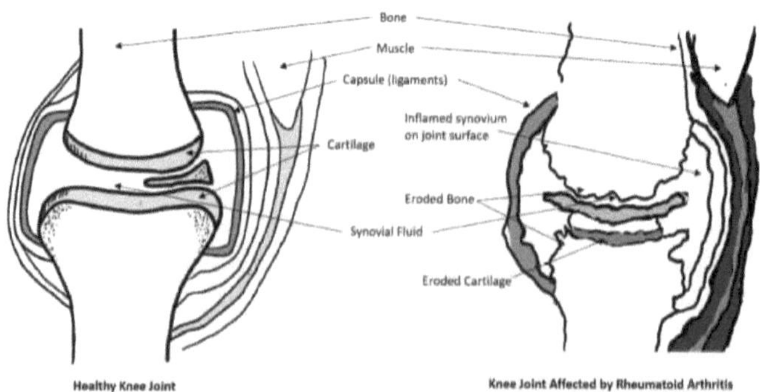

22

1.4.1.3.   Infeção e traumatismo

A infeção devido à contaminação da ferida, fratura ou qualquer outra exposição do tecido pode levar à fibrose, que, quando próxima da articulação, pode afetar as condições de movimento e o subsequente desgaste do tecido cartilaginoso. Outro problema comum é o traumatismo, que pode afetar diretamente e degenerar o tecido articular. Embora a cartilagem dos ossos seja considerada um tecido não vascularizado, o que melhora as caraterísticas da sua taxa de sobrevivência [27], por vezes o trauma pode terminar em necrose avascular, o que afecta a sobrevivência dos condrócitos no tecido cartilaginoso [14]. Estes eventos de trauma e infeção podem levar à degeneração completa da articulação, seguida de substituição total da articulação.

1.5. Fundamentos de Biotribologia

Desde os primeiros passos da humanidade, a natureza tem sido a principal fonte de inspiração para a maioria, se não para todos, os avanços da engenharia. Do ponto de vista da tribologia, todos os organismos na natureza enfrentam desafios tribológicos; desde um piscar de olhos até ao movimento de todo o corpo. A natureza produz lubrificantes e adesivos há vários milhares de anos, enquanto os humanos a estudam há muito menos tempo [2]. A inovação tecnológica baseada em sistemas tribológicos e biotribológicos naturais é um domínio vasto; a informação dos sistemas, não só à escala macroscópica mas também à escala nanométrica, tem sido aplicada em diferentes domínios.

Alguns bons exemplos de princípios de biotribologia aplicados à engenharia foram descritos por Ille Gebeshuber em [2]; três deles são descritos em pormenor a seguir. Uma destas aplicações é a utilização de diatomáceas, um tipo de algas unicelulares, utilizadas para investigações micro e nanotribológicas; foram também utilizadas como modelos para sistemas micro-electro-mecânicos tridimensionais

[38] . Uma segunda aplicação notável são os adesivos comutáveis que actuam como adesivos autocurativos; propõe-se que estes funcionem como os endotélios, que se abrem ou fecham, dependendo do processo fisiológico em curso, e permitem o intercâmbio de células sanguíneas. Um terceiro sistema, e um dos mais interessantes, aplicável a escalas maiores, é o das almofadas de fixação da osga, o mesmo que inspirou todo o tipo de adesivos; é dominado pelas forças de van de Waals, que tem uma força de adesão excecional que parece promissora para substituir parafusos, colas e outros.

Foram introduzidos e desenvolvidos novos conceitos e técnicas no domínio dos sistemas tribológicos, entre os quais a tribologia ativa através da tribotrónica. A tribotrónica ou tribologia ativa baseia a sua função no desempenho adaptativo através de conceitos de máquina inteligente [39]. A aplicação da tribotrónica para melhorar as actuais próteses de articulações artificiais e a sua adaptação ao corpo humano; no entanto, para implementar estes sistemas, as condições naturais das articulações devem ser totalmente compreendidas.

38.5.1. Biotribologia nas articulações humanas

Os meios naturais de lubrificação do corpo são altamente eficientes; especificamente, o funcionamento normal do joelho depende da presença do líquido sinovial. O líquido sinovial é um componente fundamental a imitar para gerar um sistema biomecânico preciso, pelo que é necessário compreender as suas caraterísticas tribológicas. Como foi referido anteriormente, o desgaste é uma razão importante para a realização de cirurgias de revisão; se o desgaste for produzido em articulações artificiais, os detritos resultantes podem levar a uma resposta imunológica e a uma infeção. Assim, o fabrico de líquido sinovial tem sido amplamente estudado. Parkes e a sua equipa, no seu trabalho de investigação disponível em [40], avaliaram seis modelos diferentes de fluido sinovial e concluíram que as interações de superfície regem os mecanismos de formação da película; concluíram também que o aumento do pH reduziu a massa adsorvida, a taxa de adsorção e a espessura da película. Assim, as caraterísticas de lubrificação do líquido sinovial numa articulação, natural ou artificial, podem ser controladas por determinados mecanismos, como o pH. As cargas superficiais nas articulações protésicas podem ser reduzidas se este conjunto de factores for controlado e reconhecido.

38.5.2. Biotribologia em articulações artificiais

A substituição total das articulações é um campo em que a tribologia desempenha um papel vital; a interação da superfície no movimento natural das articulações caracteriza-se por ser de baixa fricção e auto-lubrificada. No entanto, em determinadas condições clínicas, algumas articulações do corpo humano perdem estas caraterísticas excepcionais; isto limita e reduz as amplitudes de movimento e tem efeitos graves na qualidade de vida das pessoas. A substituição total da articulação consiste na substituição do tecido humano por componentes artificiais. No entanto, os materiais utilizados para o efeito não possuem normalmente as caraterísticas necessárias para imitar a biomecânica natural. Para além disso, o sistema de auto-lubrificação do corpo não tem o mesmo efeito na superfície destes novos componentes artificiais. Para além disso, o número de graus de liberdade e o tipo de movimento nas articulações humanas tendem a ser complexos em termos biomecânicos [41].

Os dois casos mais recorrentes de estudos tribológicos são os das substituições totais do joelho e da anca (TKR e THR). Os principais problemas relacionados com a substituição total da articulação são o afrouxamento ou o atrito excessivo, ambos devidos a questões relacionadas com a interação da superfície. Um trabalho de investigação recente de Kennedy e outros, em 2013, estudou as condições de contacto in vivo que ocorrem nas próteses do joelho; descobriram que o desgaste dos materiais de contacto das próteses implantadas ocorre continuamente [42], em contraste com o tecido de cartilagem natural, no qual o desgaste é bem atenuado. Affato e a sua equipa analisaram em 2008 muitos aspectos da substituição total da anca; afirmaram que os problemas de desgaste neste tipo de próteses estão diretamente relacionados com o elevado número de cirurgias de revisão da THR [43]. Embora a substituição total da articulação seja um caso médico comum, o trabalho de investigação no domínio das cargas de superfície para a mesma é ainda limitado.

Outro aspeto fundamental para o qual os cientistas voltaram a sua atenção nos últimos anos é a tribologia da própria cartilagem; isto, tentando compreender como se comporta para emular as suas caraterísticas nas substituições de articulações e, assim, tentar restaurar com precisão a biomecânica natural. Foram apresentadas várias opções para melhorar a reparação funcional da cartilagem articular em termos de questões tribológicas. Parkes e outros apresentaram recentemente um hidrogel de proteína de seda optimizado cm termos tribológicos, que demonstraram ter uma resposta de fricção semelhante à da cartilagem, bem como caraterísticas mecânicas de compressão semelhantes; sugerem a monitorização do desgaste e da fricção ao avaliar o desempenho tribológico da cartilagem articular [44]. Foram efectuados mais trabalhos de investigação para comparar outras caraterísticas tribológicas de sistemas específicos, tais como: UHMWPE e aço inoxidável [45]; simulação a partir de modelos animais de joelho [41]; próteses totais de joelho com rolamento móvel [42]; tribologia da anca metal sobre metal [46]; entre outros. Todos estes estudos mencionados têm como objetivo recolher informações que possam ser utilizadas para melhorar as caraterísticas dos sistemas protésicos.

PARTE B

Análise experimental

2. Finalidades e objectivos

O âmbito deste trabalho é definido pelos seus objectivos e metas, que são detalhados a seguir.

2.1. Objectivos

O trabalho experimental deste livro tem como objetivo o seguinte:

• Estabelecer e justificar modelos e protocolos adequados à obtenção de amostras, semelhantes e relativamente equivalentes às amostras humanas, para experimentação.

• Estudar e analisar as caraterísticas tribológicas do tecido cartilaginoso saudável em amostras obtidas de modelos animais.

• Estudar e analisar as cargas de superfície e a sua distribuição ao longo de uma porção de tecido cartilaginoso saudável em amostras obtidas de modelos animais.

• Avaliar o efeito de diferentes lubrificantes, semelhantes aos disponíveis no ambiente natural do corpo humano, nas cargas eléctricas e no coeficiente de atrito na superfície de uma amostra de tecido cartilaginoso de um modelo animal.

• Descrever um modelo de articulação sinovial natural em termos relacionados com as propriedades de superfície investigadas.

2.2. Objectivos

O trabalho experimental deste livro tem os seguintes objectivos:

• Obter modelos animais que sejam semelhantes e equivalentes, na medida do possível, a uma articulação sinovial humana a utilizar na experimentação.

• Medir e analisar o coeficiente de fricção nas amostras de modelos animais, em combinação com lubrificantes semelhantes aos que se encontram no corpo.

• Medir e analisar as cargas de superfície nas amostras de modelos animais.

• Determinar o coeficiente de atrito e as cargas de superfície ideais para um dispositivo de substituição de uma articulação artificial em combinação com lubrificantes naturais ou artificiais, para reproduzir as condições naturais das articulações humanas do ponto de vista da tribologia.

3. Metodologia

A metodologia seguida para atingir os objectivos propostos para este trabalho de investigação está dividida em duas partes diferentes, que dependem da natureza dos resultados pretendidos. A primeira parte da metodologia refere-se ao estudo das propriedades da superfície da cartilagem, abordada a partir da perspetiva da interação das superfícies participantes durante o movimento. Nesta primeira abordagem, o coeficiente de atrito foi a principal preocupação. A segunda parte da metodologia engloba o estudo das cargas electrostáticas na superfície do tecido cartilaginoso e as suas caraterísticas que afectam a interação com lubrificantes como o líquido sinovial (natural ou artificial). Para esta segunda parte, a distribuição do potencial zeta ao longo de uma porção de tecido foi o aspeto chave da análise.

Estas experiências foram efectuadas em amostras obtidas a partir de modelos animais. Estes modelos e amostras foram objeto de um protocolo adequado para a sua preservação. O protocolo consistiu, fundamentalmente, na recolha dos modelos num distribuidor local, imediatamente após o abate e decorridas menos de 24 horas após a morte do animal. Este último, apoiado no facto de as amostras cartilagíneas durarem até 72 horas em ambiente de conservação adequado [16]. Além disso, as amostras foram imediatamente colocadas num recipiente de vácuo frio a, aproximadamente, 4° C, após a colheita; o recipiente de vácuo utilizado, e os pacotes de gel frio, podem manter a temperatura por até duas horas, tempo suficiente para transportar as amostras para o laboratório e realizar as experiências. Posteriormente, as amostras foram colocadas em diferentes lubrificantes. Os meios de lubrificação, bem como o procedimento de extração, são explicados nas subsecções seguintes.

3.1. Descrição dos modelos necessários para a extração das amostras.

Os modelos animais para estas experiências tiveram de ser selecionados de acordo com uma série de factores explicados pelos peritos numa comunicação pessoal [16]. A partir da informação fornecida, verificou-se que o tecido cartilaginoso dos seres humanos é semelhante à maioria dos modelos bovinos e equinos, mas há duas coisas que diferem bastante. Em primeiro lugar, a camada de espessura da cartilagem humana num joelho saudável tem cerca de 2 mm de espessura, ao passo que nos modelos bovinos é geralmente mais fina do que 1 mm; no entanto, a espessura é semelhante à do tecido encontrado em modelos equinos. Em segundo lugar, embora a concentração de células no tecido cartilaginoso, enquanto tecido não vascularizado, seja muito baixa, a população de células na cartilagem humana é, no entanto, bastante mais elevada do que a encontrada em modelos equinos e bovinos. Posto isto, os resultados obtidos com as experiências que utilizaram amostras de modelos animais para este trabalho de investigação, aproximam-se do que se espera ser mais preciso em estudos realizados diretamente em tecido humano. A partir desta informação, foram analisados diferentes cenários para selecionar um modelo adequado para este trabalho.

Por um lado, a recolha de modelos humanos para investigação envolve uma grande quantidade de preocupações éticas e questões regulamentares que normalmente exigem um período de tempo alargado. Além disso, a disponibilidade destes modelos é reduzida. O tipo de modelo necessário para estas experiências tem de provir de uma substituição total do joelho (TKR); quando é efectuada uma TKR, o tecido cartilaginoso não está saudável ou desapareceu quase completamente. Além disso, a quantidade de amostras necessárias para realizar todas as experiências é grande e pode envolver mais do que um doente. Por este motivo, a omissão de modelos humanos para esta investigação é parcialmente justificada, no entanto, é a melhor fonte de recolha de amostras.

Por outro lado, os modelos animais para a obtenção de amostras para estas experiências parecem ser apenas parcialmente adequados, uma vez que apenas mostrarão aproximações. Considerando que a análise a efetuar está relacionada com as caraterísticas da superfície, a espessura do tecido pode ser omitida. Além disso, como a constituição da matriz extracelular (MEC) em modelos animais é em grande parte semelhante à encontrada no tecido humano, e tendo em conta que a MEC é a que desempenha o papel mais importante tanto no coeficiente de atrito como nas cargas superficiais, uma vez que é o maior constituinte do tecido. Assim, justifica-se a utilização de um modelo animal para a análise das questões relativas a esta investigação. Pontualmente, foram utilizados modelos de borregos adultos jovens (1-2 anos de idade), adquiridos num talho local, para obter as amostras para estas experiências. A Figura 18 (a) abaixo mostra o pernil inteiro do antebraço de um borrego adulto jovem, enquanto (b) mostra três componentes fundamentais para esta investigação: côndilos, planaltos e meniscos.

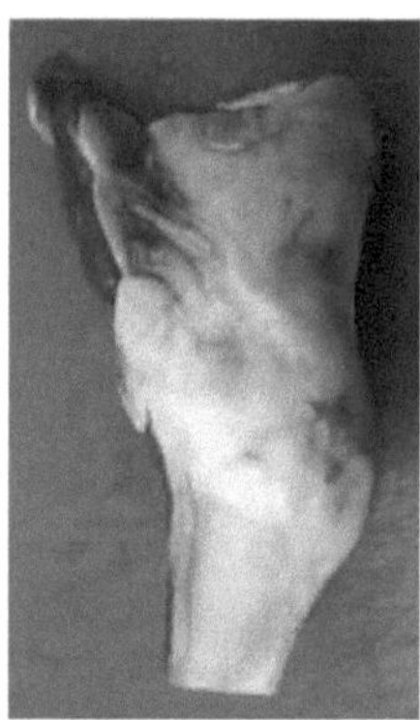
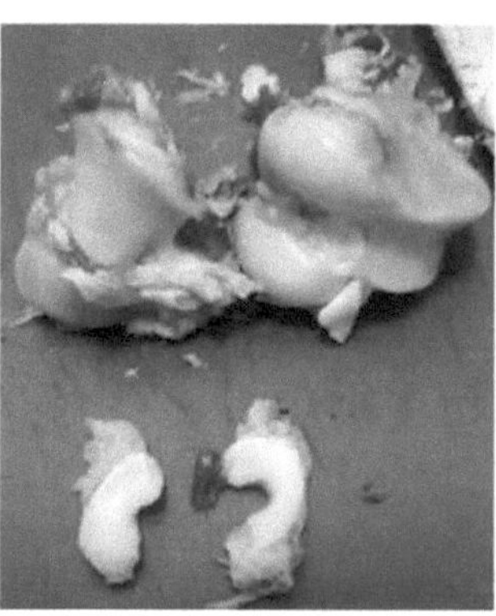

Figura 18. (a) Pernil do quarto dianteiro de borrego; (b) pernil do quarto dianteiro dividido em partes.

3.2. Coeficiente de atrito em tecido cartilaginoso de articulações sinoviais.

Um dos objectivos do trabalho de investigação era descrever com precisão o coeficiente de atrito do tecido cartilaginoso das superfícies envolvidas das articulações sinoviais durante o movimento. Neste caso, a análise centrou-se nas duas principais superfícies cartilagíneas dos componentes participantes: os planaltos e os côndilos. As superfícies destas duas partes desempenham um papel ativo quando o movimento ocorre numa articulação sinovial.

A experiência consistiu na medição do coeficiente de atrito das amostras colhidas das porções do planalto e do côndilo dos ossos das articulações sinoviais. A medição do coeficiente de atrito nas amostras foi efectuada utilizando um tribómetro equipado com uma célula tribológica aquecida por Peltier e um cxaustor de Peltier para um controlo preciso da temperatura; a temperatura controlada foi fixada em 24°C, como a temperatura ambiente habitual, e em 37°C, como a temperatura corporal média. A configuração utilizada no ensaio foi uma bola sobre três placas, como se mostra na Figura 19. Estas experiências foram parcialmente reproduzidas a partir das técnicas e experiências efectuadas em [47, 48].

O princípio de funcionamento do ensaio de esfera sobre três placas envolve a aplicação de uma força normal num eixo com uma extremidade esférica que pressiona três faces de um mesmo material. A esfera de medição está a rodar e a sua velocidade de deslizamento é calculada. A partir do binário necessário para manter a velocidade de deslizamento, obtém-se a força de atrito. Finalmente, o fator de atrito resulta da relação entre a carga normal e a força de atrito [49].

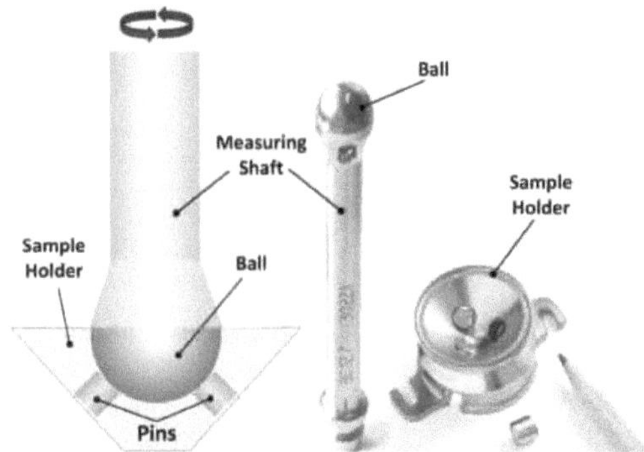

Figura 19. Ilustração esquemática da configuração do ensaio tribológico [47].

Mais profundamente na preparação das experiências, foram recolhidas amostras osteocondrais cilíndricas; as dimensões necessárias eram: diâmetro 6 mm, comprimento 6 mm. Foram necessárias três destas amostras para cada experiência. Nenhuma delas foi reutilizada para garantir os resultados das experiências. As dimensões anteriormente descritas foram conseguidas através da construção de um instrumento específico para a sua recolha, que será detalhado na próxima subsccção. As amostras foram também incubadas durante 1 hora nos meios de lubrificação a testar.

O estudo do coeficiente de atrito em ambas as amostras, colhidas dos planaltos tibiais e dos côndilos femorais, foi efectuado sob a aplicação de duas cargas normais diferentes: 10N e 5N; estas representam uma FL em cada uma das três amostras devido à distribuição de forças explicada abaixo na figura 20. A força normal transmitida às paredes do suporte de amostras, considerando-o sólido, é

$$F_L = \frac{F_N}{\cos(\alpha)} \tag{1}$$

Neste caso, a força é distribuída entre três amostras, o que significa

$$F_L = \frac{F_N}{3 * \cos(\alpha)}$$

E, para o suporte de amostras utilizado, o ângulo α é equivalente a 45°.

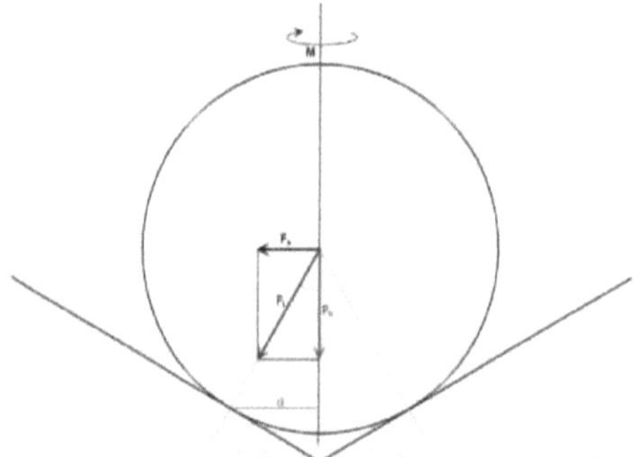

Figura 20. Princípio da função de medição do atrito bola-sobre-placa [50].

As forças aplicadas a cada uma das amostras, FL, para cada uma das forças normais principais, FN, são aproximadamente 6,35 N para uma força normal de 10N e 3,18N para uma força normal de 5N.

De acordo com a literatura [51, 52], em condições fisiológicas, as pressões de contacto para os joelhos variam entre 1 e 5 MPa, com picos que podem atingir até quatro vezes estes valores. No caso dos ensaios de fricção in vitro, é adequada uma pressão de 0,1 - 1 MPa, que são os valores habitualmente utilizados [47, 53, 54].

Uma validação parcial desta experiência pode ser afirmada pelo facto de as forças normais aplicadas atingirem a pressão normalizada para os ensaios de fricção in vitro. No entanto, este facto tem de ser calculado com precisão, uma vez que a área de contacto em que a pressão existe é a área de contacto entre uma superfície esférica, o dispositivo de medição, e uma superfície plana, cada uma das amostras extraídas. Embora cada uma das amostras tenha sido extraída de uma determinada superfície com uma curvatura definida (planalto ou côndilo), pode ser considerada plana, ou uma porção de uma esfera com raio infinito [55]. A Figura 21 abaixo descreve isto com exatidão, comparando um caso geral em (a) e o caso específico desta experiência em (b).

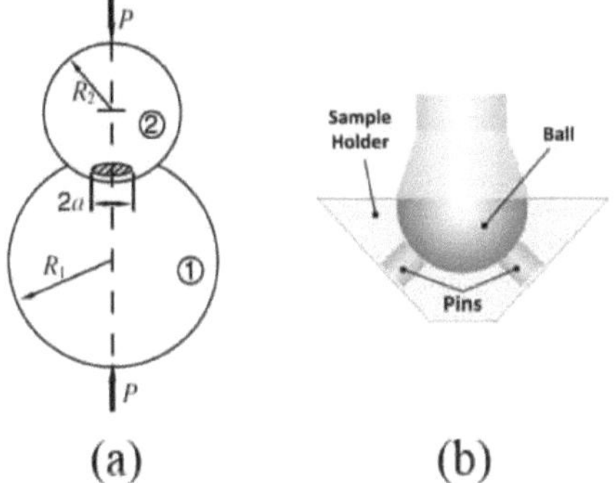

Figura 21. Área de contacto entre duas esferas. (a) caso padrão [55]; (b) caso bola-sobre-placas [47].

A área de contacto entre duas esferas de raio R1 e R2 que são pressionadas com uma força F (P na figura 22), tem um raio de área de contacto resultante definido por *a*, que resulta de:

$$a = \left(\frac{3 * P * R}{4 * E}\right)^{\frac{1}{3}} \qquad (2)$$

Em que E é o módulo de Young de contacto e é definido pelo módulo de Young (E) e pelo coeficiente de Poisson (v) de cada material (vidro e cartilagem).

$$\frac{1}{E} = \frac{1 - v_1^2}{E_1} + \frac{1 - v_2^2}{E_2} \qquad (3)$$

O módulo de Young do vidro é de 50 - 90 GPa, enquanto o da cartilagem é de 0,45 - 0,8 MPa.

Por outro lado, o rácio de Poisson para o vidro é de 0,2 e é de 0,4 para a cartilagem [27, 56].

$$\frac{1}{R} = \frac{1}{R_1} + \frac{1}{R_2} \qquad (4)$$

Onde a segunda esfera tem um raio infinito R2 equivalente a uma superfície plana. Então,

$$\frac{1}{R} = \frac{1}{R_1} \qquad and\ so, \qquad R = R_1$$

A pressão máxima ocorre no eixo de simetria e é equivalente a 3/2 da pressão média Pm

$$P_{max} = \frac{3}{2} P_m = \frac{3F}{2\pi a^2} \qquad (5)$$

O quadro 1 descreve a pressão gerada pelas diferentes forças normais destinadas a serem utilizadas nas experiências de coeficiente de atrito.

Tabela 1. Pressão máxima para diferentes forças normais.

	Force [N]	a [mm]	P_{max} [MPa]
F_N	10	4.463338	0.240
	5	3.542554	0.190
F_L	6.35	3.836345	0.205
	3.18	3.046507	0.165

As pressões calculadas a partir das forças, que geram um determinado raio de contacto entre a esfera de vidro e a cartilagem, estão dentro da margem sugerida de 0,1 - 1MPa para o teste *in-vitro* do coeficiente de atrito.

Uma vez definidas adequadamente todas as variáveis necessárias à experimentação, é necessário montar o sistema. O primeiro passo consiste em instalar cuidadosamente o sistema de medição. Posteriormente, é necessário iniciar um procedimento de zero gap para repor a força normal; um zero gap é um toque de referência que devolve uma força normal muito pequena (0,01N). Após este procedimento, segue-se a regulação da temperatura. Antes de iniciar as experiências, é necessário deixar que dois factores atinjam um valor estável, a temperatura e a força normal transmitida. Para a estabilização da temperatura, neste caso, é necessário que a temperatura se distribua de forma homogénea ao longo das amostras; para isso, o tempo de espera é de aproximadamente 5 minutos. Para a estabilização da força normal, o sistema é colocado numa posição de medição em que a força normal varia ligeiramente até o dispositivo de medição encontrar a sua posição adequada entre as amostras; as variações neste valor são pequenas e demora cerca de 2-3 minutos a atingir um valor estável.

O último parâmetro necessário para as experiências é a definição da velocidade de deslizamento. Um quadro de velocidade de deslizamento adequado é, para este caso, as velocidades de deslizamento naturais nas articulações humanas, que normalmente vão desde valores muito pequenos (quase estáveis) até dezenas de milímetros por segundo [47]; assim, a velocidade de deslizamento foi definida para começar em 10^{-4} mm/seg, ou 0.000035rpm, até 10^2 mm/seg, ou 350 rpm, com uma rampa de velocidade de 1 segundo. Nalgumas experiências são também utilizadas velocidades de deslizamento mais pequenas [48] (normalmente a partir de 10^{-6}), no entanto, experiências anteriores demonstraram que os coeficientes de atrito para velocidades de deslizamento inferiores a 10^{-4} mm/seg, consideradas atrito estático, não podem ser controlados [47].

Todo este procedimento decorreu num período de tempo máximo de 10 minutos por conjunto de amostras, sob os diferentes tipos de condições previamente especificadas. A figura 22 abaixo foi captada durante a calibração antes das experiências; nesta fase, as amostras devem ser ajustadas de modo a que todas toquem na esfera de medição.

Figura 22. Calibração da experiência "ball-on-three-plates".

3.2.1. Conceção e construção da ferramenta de extração.

O procedimento de extração das amostras necessárias para este primeiro conjunto de experiências foi semelhante ao de um transplante de aloenxerto osteocondral, que consiste na remoção de uma porção de tecido osteocondral danificado e na sua substituição por uma porção extraída do corpo do mesmo doente; as porções de substituição são normalmente obtidas de partes cujas superfícies não estão em contacto com outras superfícies durante o movimento articular. As amostras necessárias para as experiências são cilíndricas, com 6 mm de diâmetro e 6 mm de comprimento. Foram necessárias três amostras para cada experiência. A Figura 23 mostra as amostras extraídas do osso com as dimensões necessárias.

O desafio para esta extração de amostras foi preservar a superfície cartilaginosa enquanto se perfurava o interior do osso. Outra parte importante foi não gerar osteonecrose, que resulta do aquecimento da ferramenta, o que causa danos nas amostras. Além disso, a ferramenta necessária tinha de proporcionar uma amplitude de movimento suficiente para quebrar a amostra para a sua extração. Tudo isto, com a utilização de materiais adequados para preservar com sucesso tanto a amostra como a ferramenta.

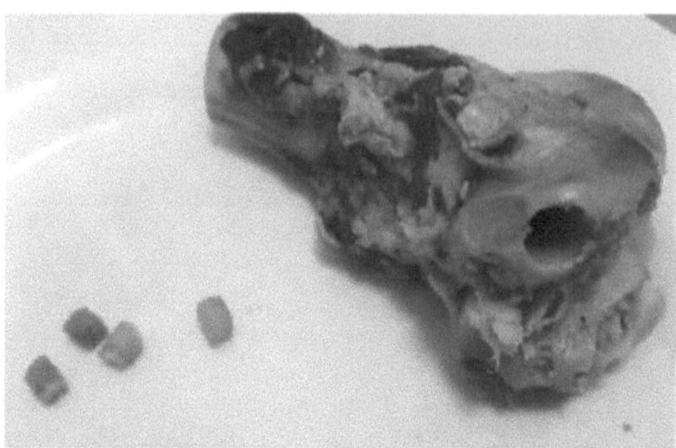

Figura 23. Amostras extraídas da porção do côndilo do osso.

Para preservar as superfícies de tecido cartilaginoso no topo dos ossos, os dentes, um e outro, foram afiados e dobrados em direcções opostas para evitar a derrapagem do mesmo. Para a redução da osteonecrose, ou queima de tecido, a cabeça do instrumento era ligeiramente mais espessa do que o resto do seu corpo, de modo a que, ao perfurar, apenas os dentes entrassem em contacto com o tecido e não o resto do instrumento. O diâmetro interno também tinha medidas diferentes ao longo do instrumento, a cabeça tinha exatamente 6 mm e o resto tinha 7 mm, para que a extração fosse fácil e a amostra não fosse danificada. O material utilizado foi o aço inoxidável para uso alimentar e médico.

3.2.2. Experimentação com diferentes lubrificantes.

Para cada grupo de amostras foram efectuadas experiências diferentes, replicando parcialmente a metodologia de [47, 48]. As amostras de [47, 48] foram testadas a velocidades crescentes de 0,0001 rad/s a 0,1 rad/s com uma solução salina (154mM/L NaCl em água purificada) actuando como meio de lubrificação que replica o fluido extracelular ou o fluido intersticial; além disso, as amostras repousaram durante uma hora no meio de lubrificação.

Especificamente para este trabalho, amostras de cada grupo, platôs e côndilos, foram repostos durante uma hora em três lubrificantes diferentes: água destilada, NaCl 154mM/L em água purificada e líquido sinovial artificial. O primeiro meio de lubrificação, foi aplicado para analisar o comportamento do coeficiente de atrito num meio externo; o segundo meio de lubrificação, teve como objetivo replicar o ambiente salgado produzido pelo fluido extracelular intersticial; e, um terceiro meio de lubrificação, uma solução comercial de substituição de fluido sinovial artificial, composta maioritariamente por ácido hialurónico numa solução de sódio, teve como objetivo replicar o ambiente saudável real de uma articulação sinovial.

Após o tempo de incubação, cada conjunto de amostras foi colocado nos suportes de amostras e foram adicionadas soluções de lubrificação adicionais (as mesmas que na incubação) para obter resultados mais fiáveis nas experiências. Esta última, como mostra a Figura 24.

Figura 24. Lubrificantes adicionados ao suporte da amostra antes de iniciar a experiência de medição do coeficiente de atrito.

3.3. Cargas de superfície em tecido cartilaginoso de articulações sinoviais.

As cargas superficiais do tecido cartilaginoso têm sido insuficientemente estudadas, razão pela qual este segundo tipo de experiências, que faz parte do presente trabalho de investigação, representa um verdadeiro desafio. Em resumo, as experiências propostas visam medir o potencial Zeta das superfícies dos tecidos cartilaginosos. O potencial Zeta é *"o potencial elétrico existente no plano de cisalhamento de uma partícula que se encontra a uma pequena distância da superfície"* [57].

Para medir o potencial zeta, foi utilizado um analisador eletrocinético; o objetivo deste equipamento é medir o potencial zeta de superfícies sólidas macroscópicas, o que é conseguido através do fluxo de corrente e potencial através de um eletrólito que flui entre as superfícies sob o âmbito [58].

Em termos gerais, a figura abaixo apresenta uma descrição geral da extração das amostras; a partir daí, podemos descrever que o tecido cartilaginoso de interesse é aquele que participa ativamente no movimento. As superfícies cartilaginosas de interesse, especificamente, são de tecido colhido de côndilos e planaltos em ossos de articulações sinoviais.

A medição do potencial zeta através da metodologia apresentada neste trabalho de investigação tem pouco ou nenhum trabalho anterior em que se possa apoiar. Este último é o motivo pelo qual se propõem diferentes protocolos para a medição do potencial zeta neste tipo de superfícies.

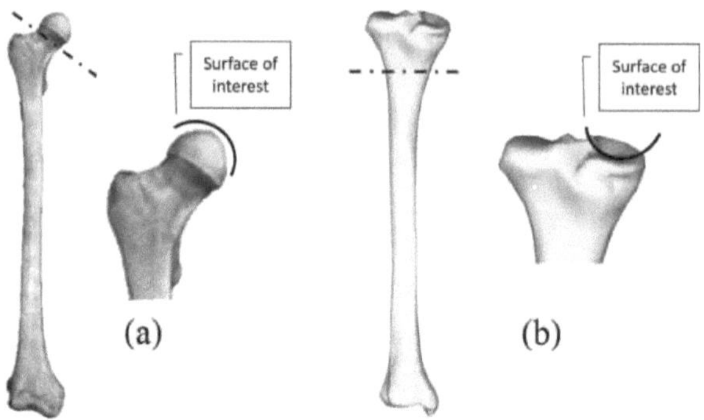

Figura 25. Superfície de interesse para a medição das cargas electrostáticas: (a) porção do côndilo; (b) porção do planalto.

3.3.1. Sistema de medição de cargas superficiais

O potencial zeta, por si só, está normalmente associado a sistemas coloidais (dispersão de partículas ou emulsões), sendo pouco frequente encontrar referências à sua análise em estudos sobre superfícies sólidas. Foi Ferdinand Friedrich Reuss quem descobriu a eletroforese (migração de partículas coloidais sob a influência de um campo elétrico), que, posteriormente, levou à descoberta dos efeitos electrocinéticos; mais tarde, George Quince descobriu o potencial de fluxo [59]. Foi uma revisão posterior (década de 1980) destes dois conceitos que levou à utilização do potencial de fluxo para analisar o potencial zeta da superfície sólida.

Em termos de dispersões de partículas ou emulsões, o potencial zeta determina a estabilidade do líquido; cargas de magnitude superior a 25mV definem uma dispersão estável [59]; no entanto, esta análise de estabilidade é inútil para estudos de superfícies sólidas. Por outro lado, em termos de superfícies sólidas, estas cargas são estabelecidas na superfície de um material sólido e a sua interação com substâncias líquidas (i.e. água) governa a forma como estas se comportam nas proximidades do material. *"A atração e a repulsão electrostáticas são determinadas pela carga superficial e, por conseguinte, pelo potencial zeta da superfície sólida".* Exemplos disto, fornecidos por T. Luxbacher no Guia Zeta, são: biomateriais em contacto com o sangue, membranas para tratamento de água e semicondutores de processamento húmido.

Assim, o potencial zeta, ou potencial eletrocinético, é a carga existente, neste caso, numa determinada superfície. A Figura 26 apresenta uma descrição do comportamento de uma interface sólido-líquido num modelo de dupla camada eletroquímica (EDL).

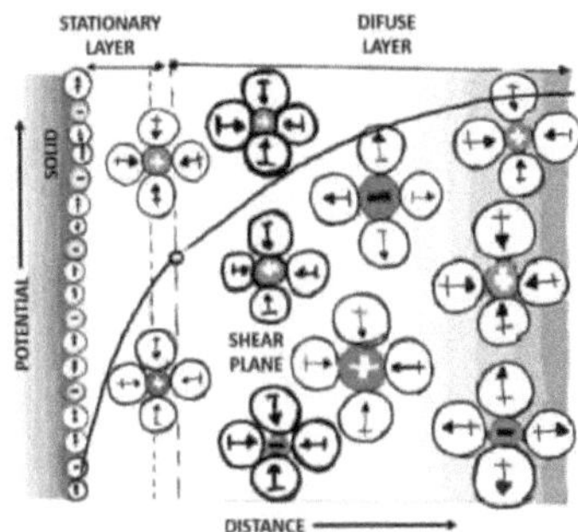

Figura 26. Interface eletroquímica de dupla camada [59].

Quando em contacto com uma solução aquosa, uma superfície sólida assume uma carga superficial, o que leva a uma distribuição de carga interfacial. A presença deste potencial eletrocinético, e desta distribuição, induz a separação de camadas estacionárias e móveis de carga [59].

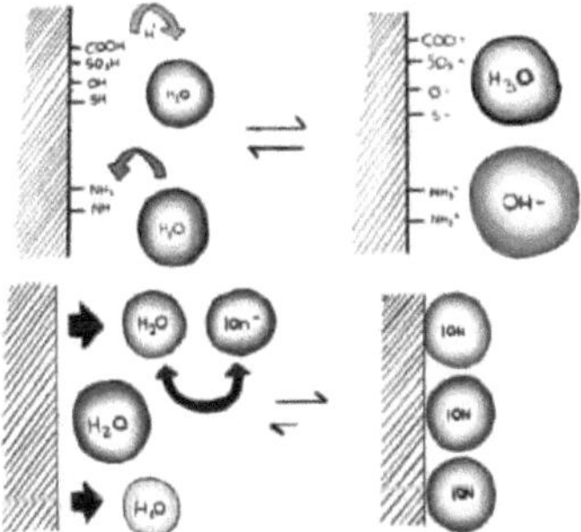

Figura 27. (a) Interação de grupos ácidos e básicos com a água; (b) Adsorção de iões de água [59].

As cargas superficiais na referida interface sólido-líquido podem ocorrer por dois mecanismos: reacções ácido-base na superfície, ou adsorção de iões de água. A Figura 27 descreve ambos os casos. Nas interfaces ácido-base, os grupos ácidos dissociam-se na água, deixando uma carga negativa, enquanto os grupos básicos ficam carregados positivamente; o equilíbrio neste caso depende do pH da solução aquosa e da área de contacto, *"o pH de uma solução aquosa é a força motriz da reação ácido-base"*. O comportamento das cargas geradas é regido pela presença de grupos ácidos ou básicos; na sua ausência, as superfícies tornam-se hidrófilas, sendo então atingido o equilíbrio entre a superfície e os iões de água, o que significa que a superfície adquire uma determinada carga.

A técnica em que o analisador eletrocinético baseia a sua função é a técnica do potencial de fluxo. Esta última, partindo do conceito de efeito eletrocinético e de dois dos seus enunciados básicos, implica que a eletricidade é capaz de gerar movimento, bem como que o movimento é capaz de gerar eletricidade. O potencial de fluxo é gerado pelo fluxo tangencial de um líquido através de uma superfície sólida *[59]*. A medição deste potencial é conseguida através da passagem de um fluxo entre duas superfícies; a resposta eléctrica pode ser medida como uma tensão de corrente contínua (potencial de fluxo) ou como um fluxo de electrões ou uma corrente de corrente contínua (corrente de fluxo); a figura 28 explica isto com precisão.

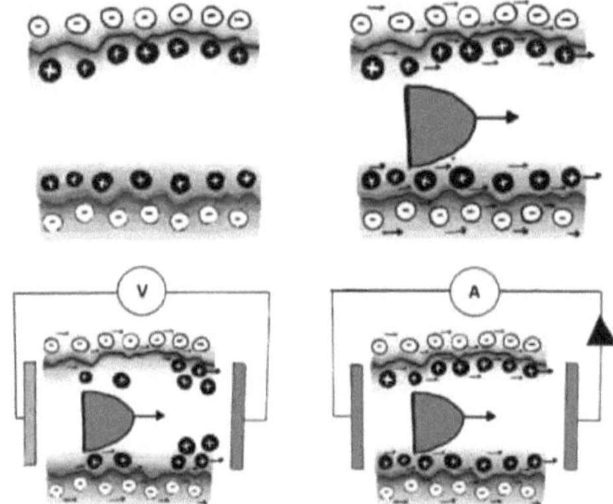

Figura 28. Potencial de fluxo e corrente de fluxo [59]. (a) Sólido-líquido em equilíbrio; (b) O fluxo induz o movimento de cargas superficiais; (c) medição do potencial de fluxo; (c) medição da corrente de fluxo.

Uma vez definidos os princípios de funcionamento dos sistemas e as bases do comportamento das cargas electrocinéticas em relação às interfaces sólido-líquido, é possível estabelecer o procedimento para as experiências relacionadas com este trabalho de investigação. No corpo humano natural, ou no ambiente corporal de outros mamíferos, as superfícies dos tecidos sólidos estão sempre em contacto com um fluxo aquoso. Para este trabalho, o tecido cartilaginoso está sempre submerso no fluido intersticial e, no caso das articulações sinoviais, sempre em contacto com o fluido sinovial. A interação entre o líquido sinovial e o tecido cartilaginoso está no âmbito destes conjuntos de experiências, onde o objetivo principal é encontrar e descrever a relação eletrocinética implícita entre ambos os componentes.

Depois de se ter explicado a razão para estudar as cargas de superfície no tecido cartilaginoso, foi criada uma experiência modelo. A medição das cargas de superfície e a sua variação num ambiente em que o pH é variado em etapas pode levar à compreensão da forma como o líquido sinovial (principalmente ácido hialurónico) é atraído para as superfícies cartilaginosas. Comparar e relacionar este comportamento com os resultados da medição do coeficiente de atrito sob diferentes meios de lubrificação pode levar a conclusões adicionais.

Antes de um ciclo de medição, é necessário avaliar e cumprir algumas etapas. Um ciclo de enchimento verifica se o sistema não está obstruído, se o fluxo pode passar pelas diferentes células e lava as superfícies em interação; o processo de "enchimento" dura cerca de 3 minutos. Em seguida, realiza-se uma etapa de "enxaguamento", que aplica alguma pressão (300-400mBar) para eliminar quaisquer bolhas existentes e confirmar que o fluxo pode passar a um ritmo adequado. Finalmente, uma verificação do caudal, que avalia a pressão e o caudal que passa através do sistema em ambas as direcções a um ritmo adequado.

As condições de medição para estas experiências foram definidas da seguinte forma:

- Limites de valor de pH de 3,0, quando o pH diminui, e de 8,0, quando o pH aumenta. (Os limites de pH foram estabelecidos de acordo com os valores das condições normais do ambiente corporal).

- Deteção de corrente de fluxo.

- Componente ácido, HCl.

- Componente básico, NaOH.

- Componente eletrolítico, KCl.

- Pressão de enxaguamento, 300mBar, num período de tempo de 180 segundos.

- Controlo do caudal, 400mBar.

- Medição com rampas de caudal de 400mBar de 20 segundos.

Dependendo dos suportes de amostras a utilizar, foi necessário efetuar experiências adicionais. Esta consistiu em medir o potencial zeta da cartilagem em relação a um filamento de polipropileno, cujo potencial zeta é conhecido através de experiências complementares anteriores.

Então, a medida real do potencial eletrocinético, potencial zeta, quando em referência a outra superfície é dada pela seguinte equação:

$$\zeta_{material} = 2 * \zeta_{measured} - \zeta_{reference} \qquad (6)$$

Isto, tendo em conta a assimetria das amostras de cartilagem recolhidas, que, mesmo com técnicas precisas, dificilmente são uniformes. Daí a razão de se utilizar uma superfície de referência.

Para as experiências desenvolvidas no âmbito deste trabalho de investigação, poderiam ter sido efectuadas medições diretas, mas, como mostra a figura 29, devido à forma côncava das amostras colhidas, as folgas laterais eram consideravelmente grandes e o caudal e a pressão não teriam atingido as caraterísticas necessárias para a medição. Poderiam ter sido colhidas amostras mais planas, mas estas estão localizadas em zonas que não estão em contacto durante o movimento, pelo que não há contacto entre as superfícies.

Figura 29. Canal de medição entre o filamento de PP e a amostra de cartilagem.

As amostras devem cobrir o suporte da amostra tanto quanto possível, para reduzir a imprecisão. Para além disso, a amostra deve ser tão plana quanto possível e o espaço entre as duas amostras deve ser reduzido, o que se consegue ajustando a altura do mesmo, como explicado anteriormente. As medições resultantes destas experiências terão como referência o filamento de polipropileno e terão de ser corrigidas pela aplicação da equação 6.

4. Resultados

Os resultados das experiências relacionadas com este trabalho de investigação estão subdivididos em duas partes principais: análise do coeficiente de atrito e análise das cargas superficiais. Na secção seguinte, estes resultados são discutidos e profundamente analisados e comparados com outro material científico relacionado disponível.

4.1. Coeficiente de fricção

Os resultados obtidos para a medição do coeficiente de atrito no tecido cartilaginoso de duas superfícies diferentes, ambas em contacto direto durante o movimento, dependem muito dos protocolos seguidos não só para a colheita das amostras, mas também para a sua conservação.

Seguindo a metodologia proposta (para cada experiência foram recolhidos 600 pontos), foram realçadas diferentes perspectivas nos resultados. Estas diferentes abordagens foram definidas com o objetivo de perceber como se comporta o coeficiente de atrito em diferentes condições. As linhas seguidas são: o tipo de meio de lubrificação utilizado; a carga normal aplicada; a origem da amostra recolhida; e, outras combinações destas condições que o autor considerou relevantes.

O primeiro parâmetro a considerar para uma futura análise dos resultados obtidos é a força normal aplicada quando se comparam os dados obtidos na experimentação com os três lubrificantes propostos.

A figura 43 abaixo mostra o coeficiente de atrito medido em função das velocidades de deslizamento. É apresentada uma compilação dos resultados da interação com os três lubrificantes. Observa-se que a lubrificação com água destilada bem como com a solução salina (água destilada com concentração de 154 mM de NaCl por litro) são muito próximas, no entanto, foi encontrada uma pequena diferença estatística para estes dois meios de lubrificação (p < 0,01); a significância desta diferença é maior quando se compara o hialuronato de sódio com qualquer um dos citados anteriormente. A Figura 44 abaixo mostra as mesmas caraterísticas, mas quando a força aplicada é igual a 10 [N]. Em ambos os casos, o comportamento é semelhante.

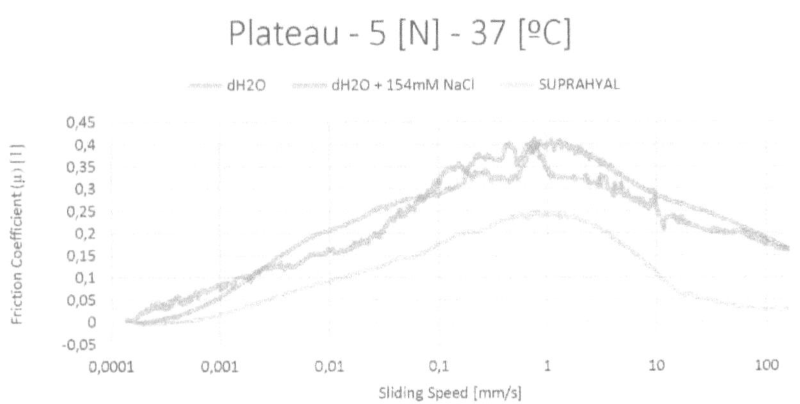

Figura 30. Resultado compilado para diferentes lubrificantes que interagem com amostras Plateau com uma força normal de 5 [N].

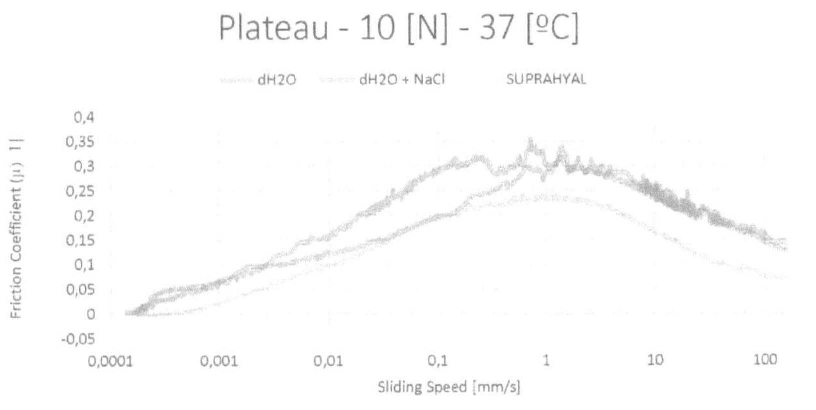

Figura 31. Resultado compilado para diferentes lubrificantes que interagem com amostras Plateau com uma força normal de 10 [N].

As duas figuras seguintes (45 e 46) ilustram os dados recolhidos das medições para forças normais actuantes de 5 e 10 [N], respetivamente, para os três lubrificantes que interagem com amostras colhidas de secções do côndilo. Neste primeiro caso, 5[N], não foi encontrada diferença significativa entre a água destilada e a solução salina, e, mais uma vez, ambas são significativamente diferentes dos resultados obtidos para o hialuronato de sódio. Por outro lado, para 10[N], a diferença estatística entre a água destilada e o soro fisiológico existe; embora ocorra, fica muito próxima dos limites (para p<0,01), enquanto que a diferença, quando comparada com a lubrificação artificial com líquido sinovial, é muito substancial.

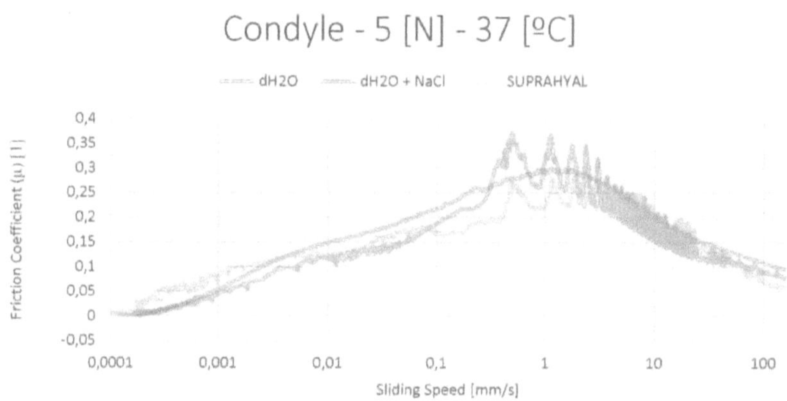

Figura 32. Resultado compilado para diferentes lubrificantes que interagem com amostras do côndilo com uma força normal de 5 [N].

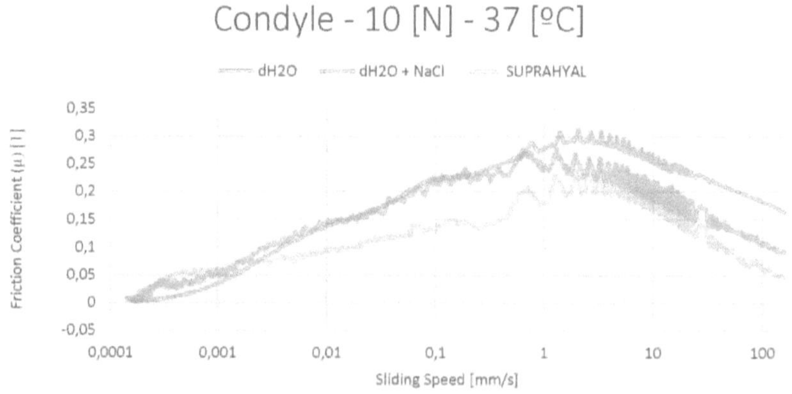

Figura 33. Resultado compilado para diferentes lubrificantes que interagem com amostras do côndilo com uma força normal de 10 [N].

Em termos gerais, estes últimos 4 gráficos (figuras 43-46) resumem o comportamento global do coeficiente de atrito com diferentes lubrificantes. É facilmente percetível que o hialuronato de sódio induz um menor coeficiente de atrito para caraterísticas de deslizamento semelhantes, enquanto que, embora exista uma diferença estatística, os restantes lubrificantes, água destilada e solução salina, em termos de atenuação do atrito, tendem a ter resultados semelhantes.

O coeficiente de atrito médio recolhido das experiências para todos os diferentes casos é apresentado no quadro 2. Verificou-se que a utilização de hialuronato de sódio (líquido sinovial artificial) diminuiu drasticamente o valor do coeficiente de atrito em ambos os casos de carga. O carregamento a 5 [N], como esperado, gerou um coeficiente de atrito mais baixo. O coeficiente de atrito de ambas as amostras, côndilo e platô, parece ser muito próximo, no entanto, os resultados obtidos a partir de medições em platôs parecem ser ligeiramente menores.

Tabela 2. Compilação global dos resultados do coeficiente de atrito.

Normal Force [N]	μ - Friction Coefficient [1] - 37°C					
	Plateau			Condyle		
	dH2O	dH2O + NaCl	Artificial Synovial Fluid	dH2O	dH2O + NaCl	Artificial Synovial Fluid
5 [N]	0.2324	0.2113	0.1098	0.1670	0.1500	0.1460
10 [N]	0.1724	0.1983	0.1283	0.1776	0.1578	0.1203

De forma a criar um contexto, os dados recolhidos nas medições foram organizados em intervalos, de acordo com a informação disponível no trabalho de Covert et. al. [60], onde foram definidas as velocidades de deslizamento num joelho saudável ao realizar actividades comuns. A tabela 3 mostra os resultados de 5 [N] condições de carga e a tabela 4 os resultados de 10 [N] condições de carga.

Os resultados apresentados nas tabelas 3 e 4 demonstram que, sob cargas cíclicas baixas, as diferenças no coeficiente de atrito em ambos, platôs e côndilos, com os três lubrificantes propostos, não são tão grandes, no entanto, à medida que a carga cíclica aumenta, o coeficiente de atrito diminui, especialmente quando o lubrificante sob o escopo é o hialuronato de sódio.

Tabela 3. Velocidades de deslizamento e coeficientes de atrito médios associados a actividades comuns. 5 [N] força normal.

μ - Friction Coefficient [1] - 5 [N] - 37°C						
Activity	**Plateau**			**Condyle**		
	dH2O	**dH2O + NaCl**	**Artificial Synovial Fluid**	**dH2O**	**dH2O + NaCl**	**Artificial Synovial Fluid**
Steady (0-1 [mm/s])	0.2014	0.1897	0.1061	0.1498	0.1325	0.1335
Walking (1-50 [mm/s])	0.3129	0.2677	0.1404	0.2215	0.2054	0.1938
Jogging (51-100 [mm/s])	0.2049	0.1923	0.0315	0.1195	0.1014	0.0903
Running (101-150 [mm/s])	0.1756	0.1683	0.0277	0.1018	0.0844	0.0630

Tabela 4. Velocidades de deslizamento e coeficientes de atrito médios associados a actividades comuns. 10 [N] força normal.

μ - Friction Coefficient [1] - 10 [N] - 37°C						
Activity	**Plateau**			**Condyle**		
	dH2O	**dH2O + NaCl**	**Artificial Synovial Fluid**	**dH2O**	**dH2O + NaCl**	**Artificial Synovial Fluid**
Steady (0-1 [mm/s])	0.1386	0.1790	0.1128	0.1381	0.1417	0.1015
Walking (1-50 [mm/s])	0.2541	0.2525	0.1765	0.2629	0.2072	0.1780
Jogging (51-100 [mm/s])	0.1602	0.1698	0.0860	0.1940	0.1206	0.0756
Running (101-150 [mm/s])	0.1345	0.1461	0.0732	0.1730	0.0982	0.0544

Outra informação valiosa pode ser obtida quando se compara o comportamento do coeficiente de atrito medido em planaltos e côndilos que interagem com o mesmo lubrificante. Os dados apresentados nas três figuras seguintes (47, 48 e 49) mostram que, para uma força normal de 5 [N], em todas as condições de lubrificação, o coeficiente de atrito medido nas platinas é ligeiramente superior ao medido nas amostras de côndilos. Isto também pode ser apreciado na tabela 3 (página anterior); deve ser realçado que, quando o meio de lubrificação é o fluido sinovial artificial, o coeficiente de atrito medido para os dois casos é significativamente mais pequeno e mais próximo.

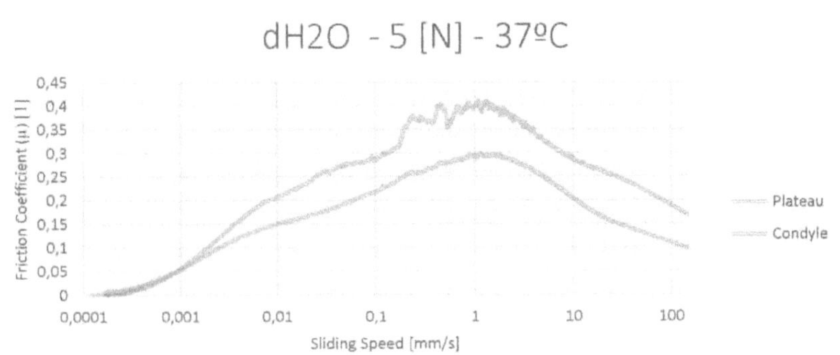

Figura 34. Comparação entre as amostras do côndilo e do platô com lubrificação com dH2O e força normal de 5 [N].

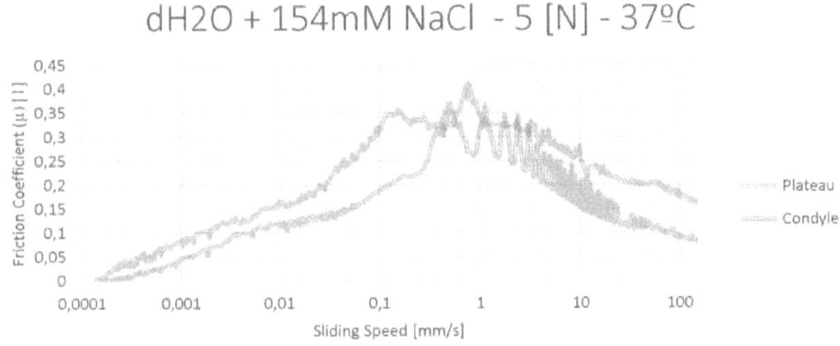

Figura 35. Comparação entre as amostras do côndilo e do platô com lubrificação dH2O + 154mM NaCl e força normal de 5 [N].

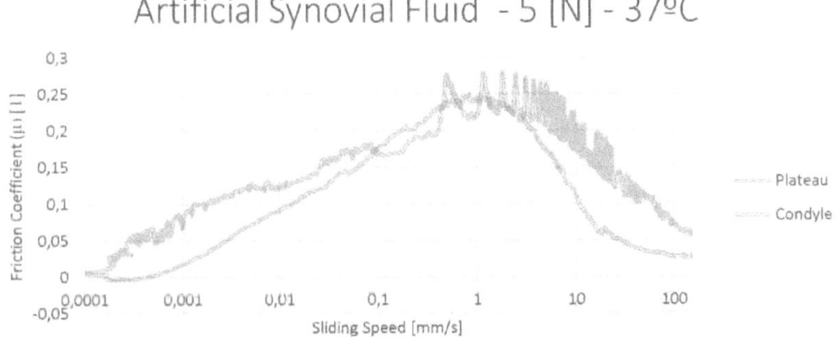

Figura 36. Comparação entre as amostras do côndilo e do planalto com lubrificação com fluido sinovial artificial e força normal de 5 [N].

Semelhante ao apresentado acima ocorre quando se comparam amostras de platô e côndilo testadas sob condições idênticas de lubrificação, mas, neste caso, com a aplicação de uma força normal de 10 [N]. As figuras 50, 51 e 52, ilustram este facto para a água destilada, fluido intersticial e Fluido Sinovial Artificial, respetivamente. Embora as diferenças entre as amostras das duas origens sejam menores, se comparadas com as de uma força normal de 5[N], o mesmo comportamento repete-se, o que, mais uma vez, é suportado pelos valores apresentados nas tabelas 2 e 4 das páginas anteriores. As curvas resultantes da lubrificação com Fluido Sinovial Artificial induziram curvas mais próximas.

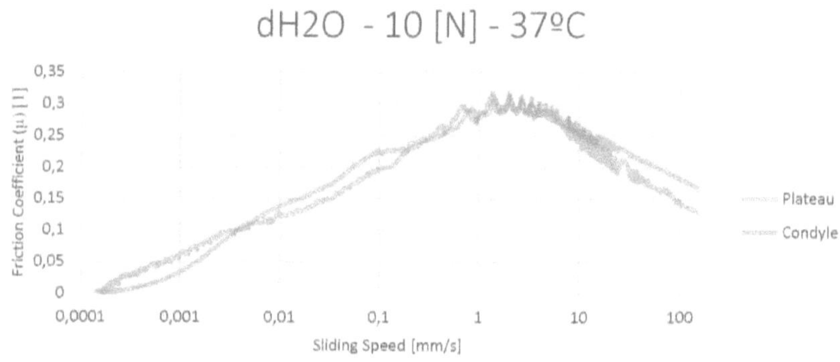

Figure 37. Comparação entre as amostras do côndilo e da platina com lubrificação dH2O e força normal de 10[N].

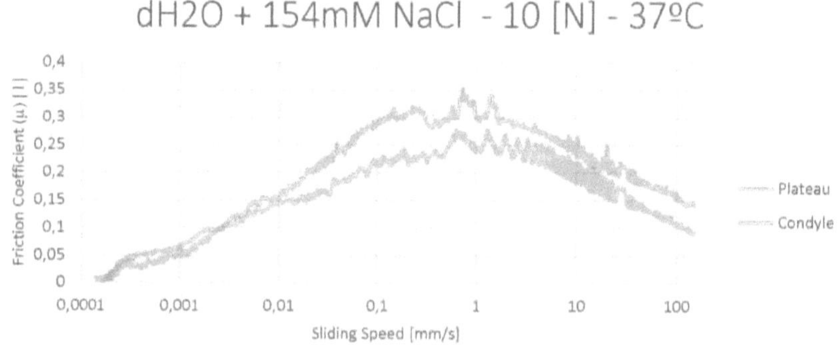

Figura 38. Comparação entre as amostras do côndilo e do platô com lubrificação dH2O + NaCl e força normal de 10 [N].

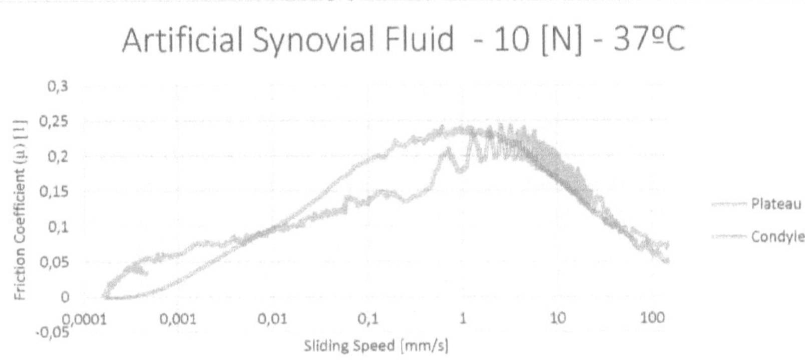

Figure 39.   Comparação entre as amostras do côndilo e do planalto com lubrificação com fluido sinovial artificial e força normal de 10 [N].

As últimas considerações tomadas para esta secção do presente trabalho de investigação consistem em comparar condições de lubrificação semelhantes para amostras da mesma origem, mas com diferentes forças normais actuantes. O primeiro caso a ser mostrado é para amostras de platô, como mostrado nas figuras 53, 54 e 55. As estatísticas para estes conjuntos de dados revelaram que não existe uma diferença significativa ($p < 0,01$) entre estas curvas. Não existe um padrão nos gráficos que sugira o contrário.

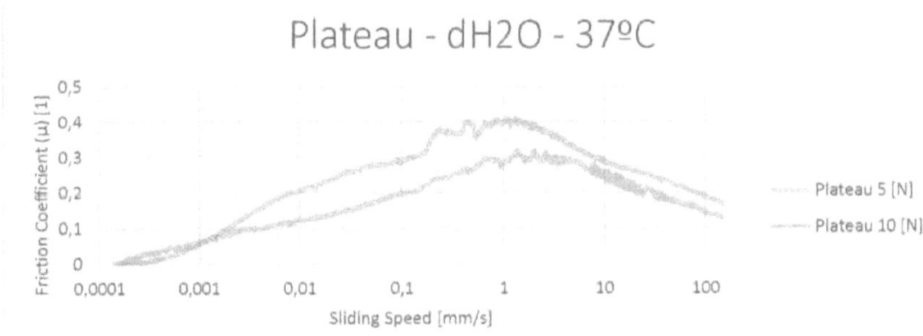

Figura 40. Coeficiente de atrito em amostras de platô com lubrificação dH2O e diferentes forças normais.

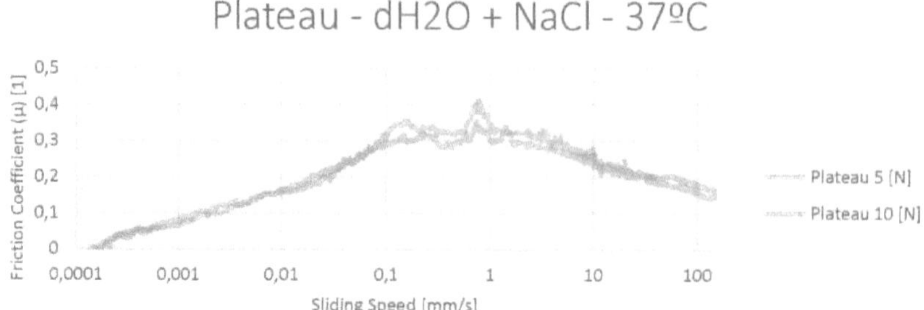

Figure 41. Coeficiente de atrito em amostras de platô com lubrificação dH2O+NaCl e diferentes forças normais.

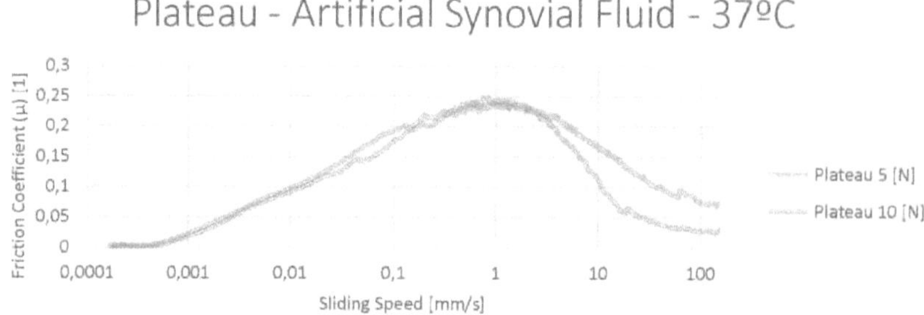

Figure 42. Coeficiente de atrito em amostras de platô com lubrificação de fluido sinovial artificial e diferentes forças normais.

Finalmente, o mesmo ponto de vista da página anterior é adotado para analisar as amostras das porções do côndilo. As três figuras desta página mostram que, da mesma forma que para as porções de platô, nenhum padrão visível que sugira uma tendência de comportamento pode ser visto. Este facto é apoiado por uma análise estatística que mostrou que não existe uma diferença significativa entre estas curvas.

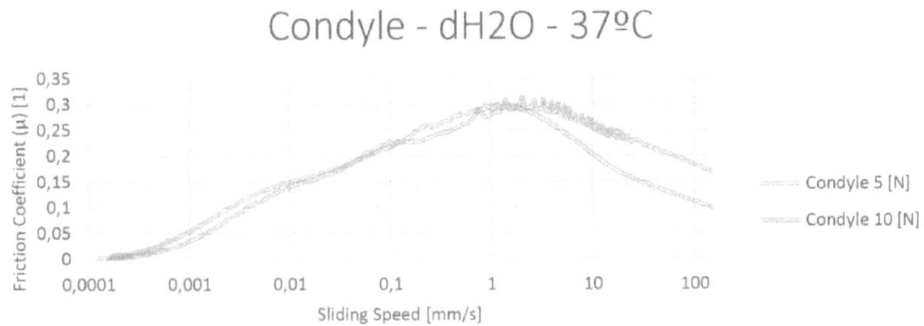

Figura 43. Coeficiente de atrito medido para diferentes forças normais com lubrificação dH2O.

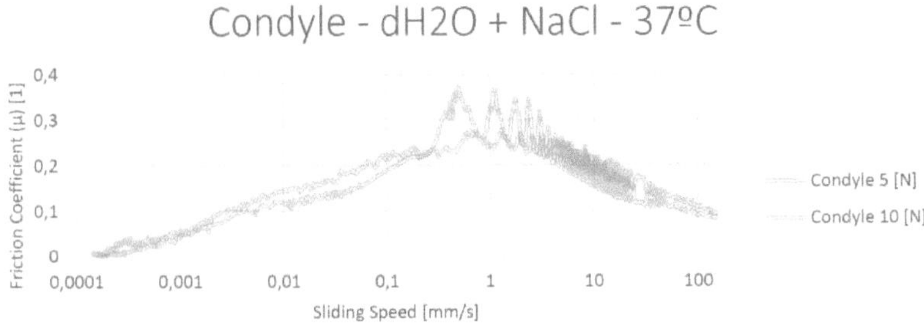

Figura 44. Coeficiente de atrito medido para diferentes forças normais com lubrificação dH2O+NaCl.

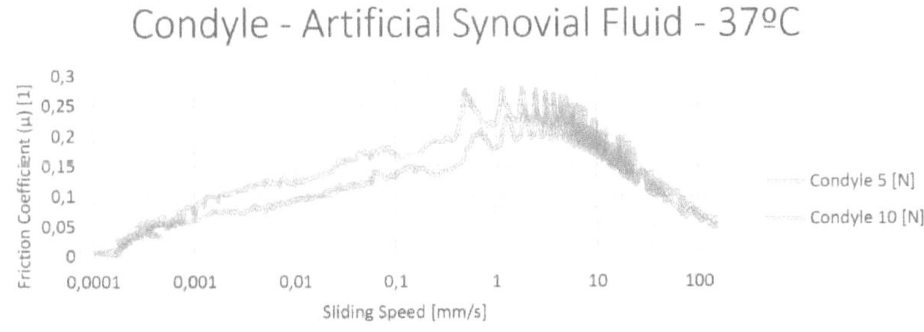

Figura 45. Coeficiente de atrito medido para diferentes forças normais com lubrificação com fluido sinovial artificial.

4.2. Encargos de superfície

A medição do potencial zeta, ou potencial eletrocinético, das superfícies do tecido cartilaginoso foi realizada utilizando um analisador eletrocinético. Nenhum trabalho anterior se referia à medição do potencial zeta do tecido cartilaginoso de uma forma semelhante à proposta neste trabalho de investigação, pelo que foram propostos protocolos diferentes para cumprir com êxito os objectivos do projeto.

O primeiro método proposto para medir o potencial zeta de uma superfície de cartilagem colhida de osso de ovino foi a utilização de um suporte de amostras de lentes de contacto. Por este motivo, era necessário extrair uma amostra de cartilagem semelhante a uma lente de contacto. Após o tedioso trabalho de extração da amostra, a configuração do sistema não conseguiu realizar com êxito os três passos necessários: enchimento, enxaguamento e verificação do fluxo (ver secção 4.2). Para esta amostra e suporte de amostras em particular, a espessura da camada de cartilagem tinha de ser o mais próxima possível da espessura de uma lente de contacto (menos de 100 μm), o que, para além dos esforços e competências reunidos, era demasiado difícil de conseguir sem danificar a amostra; a espessura conseguida foi de 700 μm, mas não foi atingida a uniformidade.

As tentativas de medir o potencial zeta com este suporte de amostras resultaram em canais de fluxo bloqueados (o que causou fugas de eletrólito), ou num espaço demasiado grande para obter o caudal mínimo necessário para as medições, 70-80 [ml/min], a 200 [mbar].

O segundo método proposto, o suporte de amostras plano, também não foi bem sucedido. Neste caso, o inchaço da cartilagem provocou o descolamento da amostra, uma vez que a fita adesiva de dupla face foi afetada pela humidade presente na amostra. Neste caso, a espessura da amostra também foi afetada pela imprecisão dos métodos de preparação disponíveis. Pelas razões expostas, foram enfrentados inconvenientes semelhantes aos apresentados no suporte de amostras de lentes de contacto.

O último método disponível para realizar as experiências foi o disco de 14 mm com altura ajustável. Este método também apresentava alguns inconvenientes que, no entanto, podiam ser atenuados. O principal problema deste suporte de amostras era que, devido à geometria das amostras, se fossem utilizadas duas (uma de cada lado), a folga seria demasiado grande, pelo que o caudal atingia valores extremamente elevados. Para controlar este problema, as medições foram efectuadas utilizando uma superfície plana de referência de polipropileno no lado oposto ao da amostra de cartilagem.

Para este suporte de amostras, todos os passos de configuração do sistema foram efectuados com êxito. As amostras destes conjuntos de dados recolhidos são apresentadas no *apêndice D*. A figura 59 mostra o diagrama de caudal obtido. Este fluxograma apresenta o caudal e a pressão associada gerados no espaço entre a amostra e a referência; resulta de um fluxo inicial de eletrólito com uma pressão de 400 [mbar]. O diagrama de fluxo mostra as medições para pressão positiva (fluxo da esquerda para a direita) e pressão negativa (fluxo da direita para a esquerda). A Figura 60, por outro lado, mostra o diagrama de fluxo para o polipropileno, quando medido como referência.

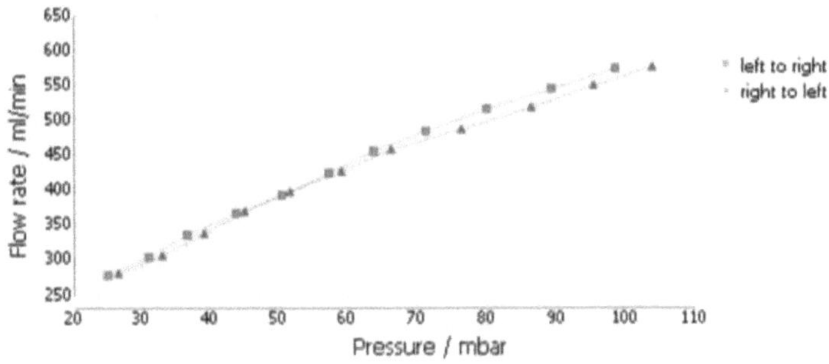

Figura 46. Verificação do fluxo para medição do potencial zeta (cartilagem e folha de PP).

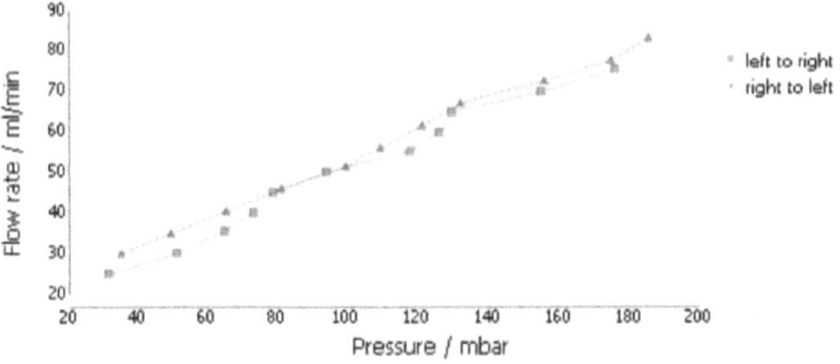

Figura 47. Verificação do fluxo para medição do potencial zeta (folha de PP).

Uma vez concluída a configuração do sistema, pode ser iniciado o processo de medição do potencial zeta. A medição do potencial zeta consistiu na aquisição de dados de quatro rampas de pressão a diferentes valores de pH. O pH foi limitado a uma gama de valores de 3 a 8; isto de acordo com os valores de pH para cada um dos meios de lubrificação utilizados na medição do coeficiente de atrito. O pH foi modificado pela adição de NaOH, para aumentar o pH, ou de HCl, para diminuir o pH, em combinação com um eletrólito de KCl. Foram obtidas quatro rampas para cada valor de pH. As medições foram efectuadas com um tempo de enxaguamento de 180 [s], uma pressão de 400 [mbar] para verificação do fluxo e um tempo de 20 [s] para cada rampa de pressão.

A figura 61 e a tabela 5 abaixo mostram os resultados obtidos e os dados recolhidos da experimentação para encontrar o valor do potencial zeta de referência da folha de polipropileno.

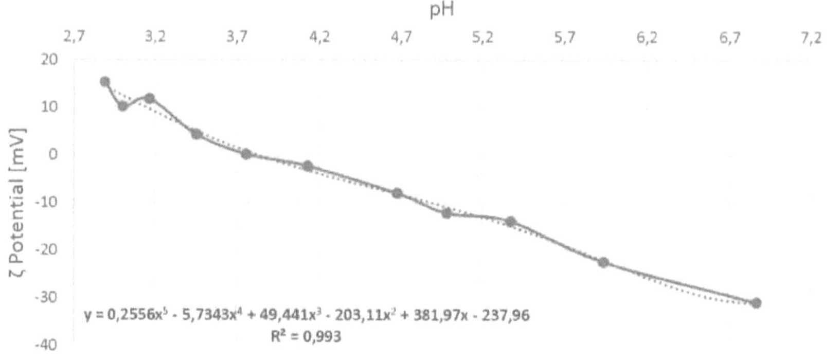

Figura 48. Potencial zeta medido em superfícies de polipropileno.

Tabela 5. Rampa média para medições com superfícies de polipropileno.

Average Ramp – Poly Propylene

	dI/dp [nA/mbar]	dI/dp R^2	dV/dp [ml/min/mbar]	dV/dp R^2	pH	Conductivity [mS/m]	Gap Height [µm]	ζ [mV]
1	-0.1424	0.3848	-0.0585	0.2314	6.8629	21.0338	81.4203	-32.7269
2	-0.1246	0.6006	0.0919	0.6265	5.9519	21.1932	86.3771	-25.8804
3	-0.0599	0.2964	-0.0111	0.1851	5.3835	21.2237	76.4765	-14.6479
4	-0.0852	0.6911	0.0030	0.7975	4.9898	21.4140	95.2672	-16.5454
5	-0.0520	0.5273	-0.0169	0.8308	4.6813	21.8093	96.4246	-10.0578
6	-0.0097	0.1139	-0.0157	0.2657	4.1293	23.9425	76.5416	-2.4355
7	0.0098	0.2378	0.0496	0.1240	3.7616	27.8859	64.3319	3.7885
8	0.0257	0.4445	-0.0043	0.8260	3.4517	35.8235	95.0142	5.0367
9	0.0437	0.2295	-0.0015	0.1595	3.1650	51.3716	74.6397	10.8852
10	0.0608	0.5136	-0.0119	0.8052	3.0007	66.7731	95.7678	11.8894
11	0.0719	0.5435	0.0837	0.5809	2.8868	81.6274	84.9569	15.1667

As experiências para a medição das cargas da superfície da cartilagem em referência a uma folha de polipropileno foram efectuadas 4 vezes. De cada vez, foram obtidas 4 rampas com o potencial zeta medido em diferentes valores de pH.

Uma consideração importante teve de ser tomada ao considerar os resultados das medições; devido à geometria da amostra de cartilagem, que, apesar de ter sido tentada ser tão plana quanto possível, ainda é côncava em algum grau, o que significa que se espera que as medições de fluxo positivo e as de fluxo negativo tenham sinais opostos, uma vez que têm gradientes de pressão positivos e negativos (figura 62), respetivamente, e afectam o valor medido do potencial zeta, como resultado do cálculo seguinte [59]:

$$\zeta = \frac{dl_{str}}{d\Delta p} * \frac{\eta}{\varepsilon - \varepsilon_0} * \kappa * R \tag{8}$$

Em que, κ é o valor da condutividade resultante da relação L/A, em que L é o comprimento da forma do canal entre as duas superfícies planas, A é a secção transversal calculada a partir da largura e da altura do intervalo e L/A é a constante da célula, calculada em função da geometria da célula; η, ε e $\varepsilon 0$ *são a viscosidade e o coeficiente dielétrico da solução electrolítica;* dl_{str} está relacionado com a constante da célula L/A; e, dΔp é o gradiente de pressão.

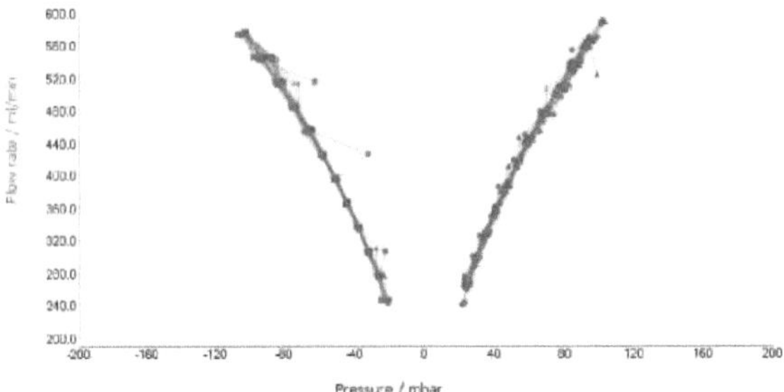

Figura 49. Gradientes de pressão para caudais positivos e negativos.

A medição do potencial zeta nem sempre ocorreu no mesmo valor de pH, pelo que, em vez de se encontrar uma curva média, apresenta-se na tabela 6 e na tabela 7 uma combinação dos valores de pH, com o respetivo potencial zeta associado, cada um deles para grupos de caudal positivo e negativo; estas duas tabelas estão relacionadas com as figuras 63 e 64, nas quais se pode apreciar que as resultantes das rampas têm o mesmo comportamento mas sinal diferente, como resultado do gradiente de pressão oposto. A figura 63 (a) mostra as rampas 1 e 2, enquanto a 63 (b) mostra a média de ambas. As figuras 64 (a) e (b) fazem o mesmo para as rampas 3 e 4.

Tabela 6. Potencial zeta em diferentes valores de pH para fluxo positivo.

Cartilagem de rampa média com referência PP (fluxo positivo: da esquerda para a direita)

No.	pH	ζ [mV]	No.	pH	ζ [mV]	No.	pH	ζ [mV]
1	3.02	-46.45	16	4.91	-50.10	31	6.64	-65.76
2	3.21	-50.25	17	4.94	12.13	32	6.67	-41.19
3	3.52	-16.62	18	5.11	-31.77	33	7.01	-24.78
4	3.80	16.90	19	5.21	-66.91	34	7.16	-65.51
5	3.81	-76.77	20	5.25	-20.19	35	7.17	-45.50
6	3.81	-16.41	21	5.33	-66.51	36	7.30	-25.18
7	3.83	-30.04	22	5.58	3.21	37	7.70	-9.82
8	4.12	-19.82	23	5.59	10.27	38	7.72	-32.62
9	4.16	4.63	24	5.64	-49.82	39	7.75	-23.97
10	4.20	-47.47	25	5.94	-85.10	40	7.91	-12.00
11	4.24	-23.58	26	5.96	-26.00	41	7.95	-33.35
12	4.59	-43.15	27	6.12	-19.88	42	8.03	-74.67
13	4.64	0.85	28	6.15	-57.44	43	8.07	-29.47
14	4.76	-29.59	29	6.46	-9.36	44	8.26	-11.15
15	4.88	-57.35	30	6.57	-74.11	45	8.26	-90.00

(a) Positive Flow (right to left) Ramps - (PP Reference)

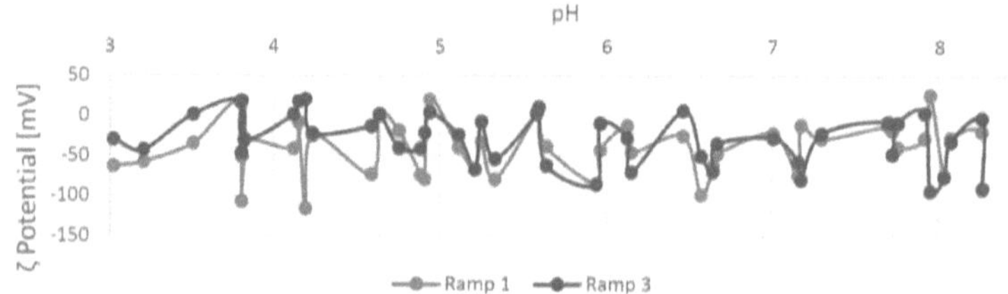

(b) Possitive Flow (left to right) Average Ramp - (PP Reference)

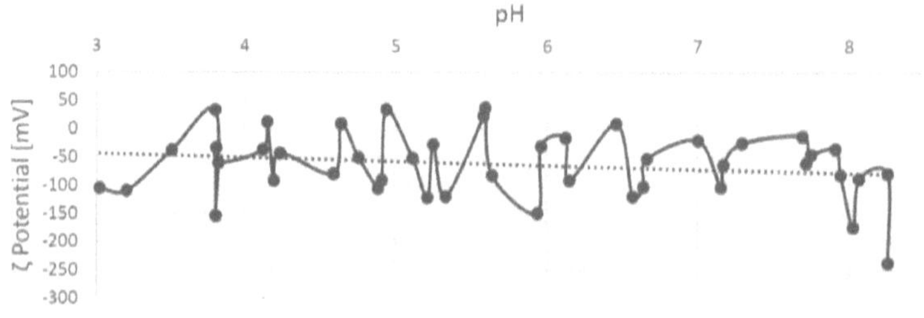

Figura 50. Potencial zeta vs pH para fluxo positivo. (a) pormenorizado; (b) média

Tabela 7. Potencial zeta em diferentes valores de pH para fluxo negativo.

Cartilagem de rampa média com referência PP (fluxo negativo: da direita para a esquerda)

No.	pH	ζ [mV]	No.	pH	ζ [mV]	No.	pH	ζ [mV]
1	3.02	53.50	16	4.91	82.42	31	6.64	74.97
2	3.21	10.25	17	4.94	21.74	32	6.67	18.12
3	3.52	20.12	18	5.11	27.56	33	7.01	12.09
4	3.80	20.25	19	5.21	49.72	34	7.16	31.86
5	3.81	57.45	20	5.25	12.51	35	7.17	26.22
6	3.81	43.37	21	5.33	6.97	36	7.30	25.64
7	3.83	57.51	22	5.58	9.73	37	7.70	17.39
8	4.12	4.82	23	5.59	15.89	38	7.72	33.77
9	4.16	34.67	24	5.64	69.48	39	7.75	11.92
10	4.20	76.93	25	5.94	10.70	40	7.91	20.70
11	4.24	55.08	26	5.96	17.48	41	7.95	56.69
12	4.59	55.67	27	6.12	27.87	42	8.03	35.90
13	4.64	13.15	28	6.15	29.19	43	8.07	17.21
14	4.76	54.38	29	6.46	31.65	44	8.26	19.71
15	4.88	-2.85	30	6.57	73.75	45	8.26	63.91

Figura 51. Potencial zeta vs pH para fluxo negativo. (a) pormenorizado; (b) média

A partir da comparação entre as figuras 63 e 64, pode-se afirmar que a magnitude e a tendência de ambas as curvas é a mesma, porém, elas têm sinais opostos. Se for calculada uma média final entre estas duas rampas médias para negativo e positivo, a tendência dos valores médios será a de rodear a carga eléctrica neutra com valores positivos e negativos, o que não está de acordo com a carga negativa conhecida das superfícies cartilaginosas. A Figura 65 (a) abaixo ilustra este resultado e a Figura 66 (b) a sua correção.

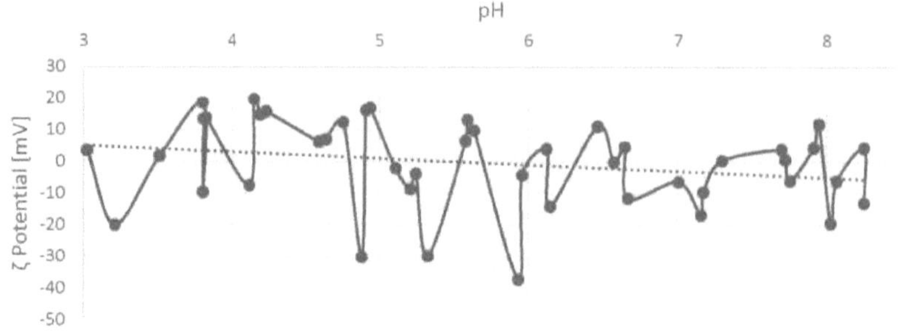

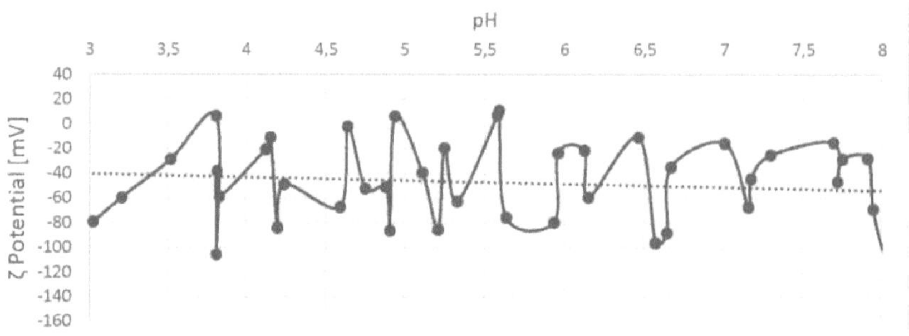

Figura 52. Rampas médias (referência PP).

(a) Fluxo negativo não corrigido; (b) Fluxo negativo corrigido.

A etapa final do cálculo do potencial zeta do tecido cartilaginoso é a extração da referência de polipropileno dos resultados. Isto é conseguido através da aplicação da equação apresentada na subsecção 4.2. para o potencial zeta medido com uma superfície de referência. A figura 66, na página seguinte, mostra os resultados desta extração. A figura 67 e a tabela 8 mostram o valor médio do potencial zeta para intervalos de pH definidos de 0,5; de 3 a 8,5.

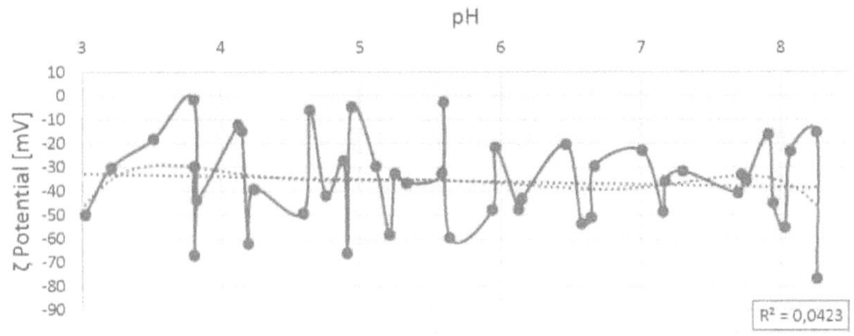

Figura 53. Potencial zeta do tecido cartilaginoso.

A definição de intervalos de pH de 0,5 (intervalo comum) permite apresentar os resultados de uma forma que facilita a compreensão do que se passa com o potencial eletrocinético quando o pH muda.

A figura 68, na página seguinte, mostra os valores de pH medidos para cada um dos lubrificantes propostos para esta investigação.

Tabela 8. Potencial Zeta médio para intervalos de pH de 0,5.

pH	3	3,5	4	4.5	5	5.5	6	6.5	7	7.5	8
ζ [mV]	-32.87	-35.61	-32.22	-32.64	-39.36	-32.93	-37.19	-44.87	-34.84	-34.25	-42.75

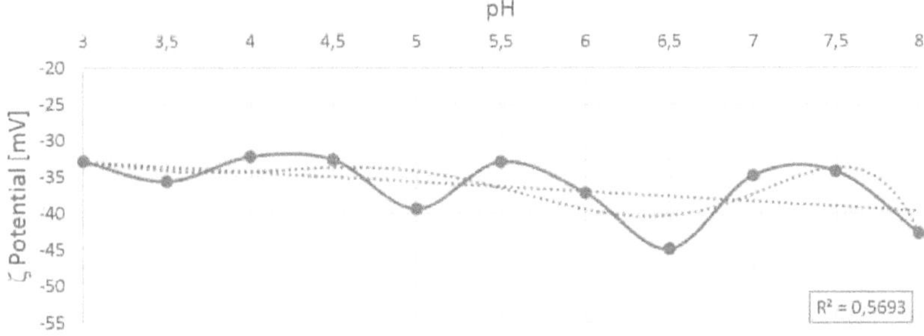

Figura 54. Potencial zeta do tecido cartilaginoso. Média dos intervalos de pH.

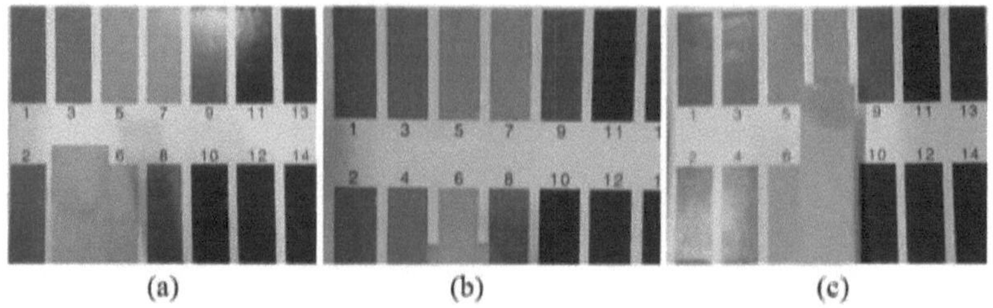

Figura 55. Tiras de pH para medição do pH dos lubrificantes utilizados. (a) dH2O; (b) dH2O + NaCl; (c) Liquido sinovial artificial.

Da figura 68:

- O valor do pH da água destilada utilizada é de cerca de 6,0

- O valor do pH da solução salina é de cerca de 6,5

- O valor do pH do fluido sinovial artificial (maioritariamente HA) é de cerca de 7-7.

5. Discussão

O corpo humano, sendo o mais espantoso sistema de engenharia alguma vez imaginado, é uma fonte de todo o tipo de conhecimento; a maioria, se não todas, as invenções revolucionárias ao longo da história foram de alguma forma inspiradas na natureza e, especialmente, no corpo humano. Compreender o corpo humano não só tem resultados positivos para as questões externas e, consequentemente, para as suas soluções, como também a compreensão dos fenómenos do corpo pode levar a melhorias extraordinárias na saúde.

Este trabalho de investigação tem como objetivo alargar o conhecimento sobre o funcionamento das articulações sinoviais humanas, que é o único caminho a seguir para melhorar o tratamento de pacientes que sofrem de determinadas condições médicas. A compreensão do comportamento tribológico da cartilagem articular é importante não só para aqueles que sofrem de osteoartrite, artrite reumatoide ou que sofreram lesões traumáticas graves nas articulações, mas também para aqueles que são saudáveis e podem ser adequadamente aconselhados, mas, para além disso, tem também uma importância extraordinária para aqueles que perderam a batalha para estas doenças e tiveram de se submeter a uma substituição total da articulação. Embora este trabalho de investigação se centre apenas nas articulações sinoviais e no seu comportamento quando interagem com diferentes meios de lubrificação e na sua relação com as caraterísticas electrocinéticas da superfície, no equilíbrio perfeito que se encontra no corpo humano, cada componente tem uma grande importância.

Para obter resultados de boa qualidade, os protocolos estabelecidos para a recolha e preservação de todas as amostras colhidas são fundamentais. O protocolo partiu da aquisição de amostras frescas (abatidas há menos de 24 horas) seguida de colheita imediata e congelação em água purificada. Apesar do tecido cartilaginoso não possuir vascularização importante, sua preservação, mesmo em ambiente adequado, só garantiria a qualidade das amostras em 72 horas [16]. Outro fator importante para controlar os resultados dos experimentos foi a obtenção de amostras de cordeiros adultos jovens (12 meses de idade) para descartar possíveis condições médicas existentes que não são comuns de ocorrer em modelos jovens.

A colheita das amostras tem também uma grande importância no protocolo, uma vez que podem ser induzidos danos imediatos se a ferramenta selecionada tocar na superfície da amostra (superfície de análise); além disso, o aquecimento da ferramenta pode induzir a desidratação da amostra, reduzindo o seu tempo de vida, ou mesmo osteonecrose, o que pode resultar em danos totais e na eliminação da amostra.

As amostras necessárias para os ensaios de coeficiente de atrito, realizados com um tribómetro, tinham de ser cilíndricas (6 mm de diâmetro e comprimento). O procedimento de extração seguido foi semelhante ao utilizado no transplante de aloenxertos osteocondrais, que consiste essencialmente na extração de porções de cartilagem danificada para posterior substituição por cartilagem sã do mesmo doente, extraída de um local diferente [61]; a colheita de amostras para o presente trabalho foi globalmente idêntica. Foi concebida e construída uma ferramenta para extração de amostras nas dimensões pretendidas, em aço inoxidável; as amostras foram extraídas através de perfuração em zonas do osso: planaltos e côndilos.

Ao contrário de experiências semelhantes na área [47], o presente trabalho estudou amostras de duas porções do osso, os planaltos e os côndilos. A razão para isto é que ambos participam ativamente no movimento, mas a sua geometria e função são diferentes; por outras palavras, o tecido da cartilagem envolvido no movimento não deve ser considerado o mesmo em todas as áreas. À semelhança de [47], foram utilizados meios de lubrificação para avaliar o coeficiente de atrito nas duas secções ósseas mencionadas: água destilada (dH2O), para uma abordagem geral do coeficiente de atrito, e uma solução salina (dH2O+154mM NaCl), imitando o fluido intersticial encontrado no corpo humano. No entanto, foi também avaliado um terceiro componente, o hialuronato de sódio, utilizado na indústria da saúde para substituir o líquido sinovial; a principal composição do líquido sinovial é o ácido hialurónico, que é também o principal componente do hialuronato de sódio. A experimentação com um lubrificante semelhante ao líquido sinovial permite compreender o comportamento da cartilagem em condições naturais. O coeficiente de atrito também foi avaliado sob a aplicação de diferentes cargas normais; estas cargas estão de acordo com o que a literatura recomenda para o teste in vitro do coeficiente de atrito, que afirma que a carga normal aplicada deve gerar uma pressão de 0,1 - 1,5 [MPa] [47, 54, 53]. A estrutura da velocidade de deslizamento à qual o coeficiente de atrito foi efectuado começou em 0,0001 [mm/s], ou 0,000350 rpm, e foi aumentada até 150 [mm/s], ou 350 rpm, numa rampa de velocidade de 1 segundo. As razões para a seleção desta velocidade prendem-se com o facto de qualquer velocidade de deslizamento inferior não poder ser controlada e ser considerada como coeficiente de atrito estático [47] e de as velocidades entre 1 e 150 [mm/s] representarem velocidades de deslizamento comuns, desde a marcha até à corrida rápida [62, 60].

Os resultados das medições do coeficiente de atrito (tabela 1) indicaram que nas porções do platô em média para 5 [N] foi de cerca de 0,2 para água destilada e solução salina, e, quase a metade, 0,1 para hialuronato de sódio, sendo semelhante para 10 [N]. Para as porções do côndilo com uma força normal de 5 [N], o coeficiente de atrito foi, em média, de 0,15 para a água destilada e a solução salina, e de 0,12 para o hialuronato de sódio, resultados semelhantes foram obtidos quando se aplicou uma força de 10 [N]. Não foi encontrada qualquer diferença significativa entre os coeficientes de atrito medidos a 5 [N] e 10 [N].

Por outro lado, as diferenças foram significativas quando se compararam os resultados obtidos nas secções do plateau com os obtidos nas secções do côndilo; as secções do côndilo tendem a ter um coeficiente de atrito ligeiramente menor, o que pode ser justificado pelo facto de o côndilo ter uma camada de cartilagem mais espessa [9]. Outra diferença significativa foi encontrada entre os resultados recolhidos dos coeficientes de atrito medidos com água destilada e solução salina, quando comparados com os do fluido sinovial artificial, isto porque a composição natural do fluido sinovial contém uma elevada porção de ácido hialurónico, que é também o principal constituinte do Fluido Sinovial Artificial, pelo que se consegue um modelo mais próximo dos meios naturais de lubrificação do corpo humano quando se utiliza o hialuronato de sódio.

É importante notar algumas diferenças importantes no comportamento em diversas condições experimentais. Pode observar-se em todas as figuras que o coeficiente de atrito aumenta até um determinado ponto e diminui imediatamente. A razão para isto acontecer é que a cartilagem começa a inchar uma certa quantidade de água num determinado período de tempo, depois de estar cheia, a lubrificação é melhorada; este comportamento varia dependendo das condições de carga, bem como do lubrificante utilizado, como se explica a seguir.

Quando o meio de lubrificação era simplesmente água destilada, o coeficiente de fricção para uma carga normal de 5 [N] era menor para o côndilo do que para a platina. A razão para isto acontecer é, em primeiro lugar, que a água destilada não é mais do que água purificada que tem uma carga eletrostática neutra e, em segundo lugar, que a camada de cartilagem do côndilo é mais espessa do que a das porções do planalto e, por isso, é capaz de inchar mais água; apoiando este facto, quando a carga normal é aumentada, o coeficiente de fricção no planalto reduz quase até ao nível do côndilo, uma vez que há mais pressão, a água é forçada para a MEC da cartilagem do planalto. A lubrificação, portanto, ocorre de uma forma totalmente diferente quando a solução salina (água ionizada) e o líquido sinovial artificial (o ácido hialurónico tem carga negativa), uma vez que as cargas superficiais do tecido cartilaginoso (também com carga negativa) repelem as cargas destes lubrificantes, reduzindo a taxa de dilatação, mas melhorando o comportamento do coeficiente de atrito. Foi observada uma taxa de dilatação mais elevada nas experiências com água destilada, em algumas das quais a água aplicada no topo do suporte da amostra foi completamente dilatada pelo tecido e, como é óbvio, observou-se um aumento do calor e superfícies danificadas; quando se utilizou uma solução salina, a dilatação foi evidente, mas não tão significativa, e para o Fluido Sinovial Artificial, foi pouco percetível. Em resumo, as cargas superficiais afectam a interação com diferentes meios de lubrificação.

Para contextualizar os resultados do coeficiente de atrito, as tabelas 2 e 3 mostram o coeficiente de atrito previsto para actividades comuns como a marcha, a corrida e o jogging, tendo em consideração as velocidades de deslizamento anteriormente descritas. A partir destes resultados, pode afirmar-se que, como o fluido sinovial é um fluido não newtoniano bem conhecido, o seu comportamento varia sob a aplicação de diferentes cargas. Relacionando este último com os resultados das tabelas 2 e 3, pode dizer-se que o ácido hialurónico, ou líquido sinovial, não faz diferença no coeficiente de atrito quando a cargas cíclicas baixas, no entanto, a sua participação a cargas cíclicas mais elevadas reduz o atrito entre cartilagens por um fatoi de quase 0,5. Isto acontece de forma semelhante sob diferentes cargas e em ambas as porções, côndilo e platô.

O outro conjunto importante de resultados deste trabalho de investigação explora o comportamento do tecido cartilaginoso, neste caso geral. Geral porque as amostras não foram extraídas de nenhuma zona da cartilagem. Devido à complexidade da experiência e à falta de meios de adaptação das amostras aos suportes disponíveis, as amostras de cartilagem selecionadas foram as que tinham a superfície de cartilagem mais plana. A medição das cargas de superfície foi tentada por três meios diferentes, dos quais apenas um foi capaz de obter resultados com êxito. Este facto, juntamente com a complexidade das experiências, contribuiu para a escassez ou inexistência de trabalhos semelhantes disponíveis.

Devido aos requisitos do equipamento utilizado, a distância entre as duas amostras teve de ser tão pequena quanto possível; a razão para tal é o controlo da taxa de fluxo através dos limites da área de medição. Como estratégia para reduzir este intervalo entre as amostras, utilizou-se apenas uma amostra de cartilagem "semi-plana" de um lado e, do outro lado, um suporte de amostra plana com uma folha de polipropileno. Em seguida, a medição do potencial zeta das áreas de interesse teve de ser recalculada com os métodos disponíveis no "The Zeta Guide" [59]. Apesar das tentativas de estabilização dos pontos de dados registados, presume-se que devido à curvatura da superfície da cartilagem e à sua oposição a uma superfície plana, bem como à elevada pressão no sistema, é criada uma espécie de vórtice e o fluxo de eletrólito comporta-se como turbulento, levando a algumas medições incorrectas, no entanto, a sua tendência tende a mudar com alguma uniformidade.

O potencial zeta foi medido enquanto se modificava o pH do eletrólito (KCl); utilizou-se NaOH para aumentar o pH e HCl para o diminuir. As alterações do pH afectam a magnitude do potencial zeta nas superfícies adjacentes, tal como referido em [63], onde se diz que o potencial zeta medido a um pH de 2 é aproximadamente 30% do medido a um pH de 7. As alterações das cargas superficiais têm sido estudadas ultimamente como um aspeto chave no desenvolvimento da osteoartrite [63]. Em relação a isto, os resultados obtidos (tabela 8) para diferentes valores de pH, a partir desta, e da figura associada, pode-se apreciar claramente que o potencial zeta diminui à medida que o pH diminui, no entanto, os intervalos de pH em que os lubrificantes utilizados para a medição da fricção não podem ser significativamente diferenciados, embora haja uma tendência para ter um potencial maior para um pH de 7 do que para um pH de 6.

Foram apresentados muito poucos resultados da medição das cargas de superfície do tecido cartilaginoso. O material disponível na literatura sugere que as cargas de superfície do tecido cartilaginoso são negativas [26, 63, 64, 65], uma vez que os seus principais componentes, o colagénio e os proteoglicanos, apresentam cargas negativas. Um deles, refere que o potencial zeta de um hidrogel destinado a ser utilizado como suporte para a reconstrução de cartilagem era de -20 [mV], e relaciona a magnitude do potencial zeta com a taxa de proteínas adsorvidas pelo material do suporte [66]. Outros resultados mostram que o potencial zeta medido em condrócitos de joelho bovino foi de -23 [mV] e comparou o seu valor com o de outros biomateriais utilizados na indústria biomédica [67]. Estes resultados sugerem cargas negativas nas superfícies da cartilagem com um pH de 7-7,5; a magnitude destas cargas de superfície medidas é de -20 e -23 [mV], enquanto os resultados obtidos neste trabalho de investigação para um pH de 7,5 é de cerca de -35 [mV], o que, de alguma forma, valida as experiências realizadas. Uma investigação adicional efectuada por Minassian et. al. em [68], sugere que, para obter uma melhor compreensão, as cargas de superfície devem ser medidas a diferentes profundidades no tecido cartilaginoso.

A partir dos resultados obtidos, sabendo que o ácido hialurónico tem uma carga negativa, e após a medição do potencial zeta da cartilagem articular, que também resulta numa carga negativa, então, pode afirmar-se que o tecido cartilaginoso não atrai o fluido sinovial e, por todos os meios, é antes repelido. A investigação de James, Flick e Baines [69], juntamente com outras fontes [64, 65], sugere que o mecanismo real de lubrificação nas articulações sinoviais funciona mantendo o fluido sinovial alinhado com a cartilagem por uma camada fina de fosfolípidos com carga positiva e que o fluido sinovial com carga negativa, em vez de apenas lubrificar, apresenta uma resistência ao fluxo que impede o contacto cartilagem-cartilagem; isto pode ser mantido durante alguns minutos quando se aplicam cargas mais elevadas do que as envolvidas em actividades comuns, mas pode ser sustentado por períodos mais longos quando se consideram cargas fisiológicas normais.

Em suma, as cargas superficiais estão diretamente relacionadas com a tribologia nas superfícies do tecido cartilaginoso das articulações sinoviais, especialmente nas que estão expostas a cargas mais elevadas. O coeficiente de fricção é afetado pelas cargas superficiais no tecido cartilaginoso, o equilíbrio existente entre a carga negativa do fluido sinovial, a fina superfície fosfolipídica no topo do tecido cartilaginoso de carga negativa, são o ingrediente "secreto" para uma lubrificação ideal, redução do desgaste e absorção do choque no joelho. Se alguma destas partes for alterada, o equilíbrio é afetado e ocorre um comportamento indesejado entre os componentes envolvidos. A osteoartrite, por exemplo, é um dos possíveis resultados da alteração deste equilíbrio; por outro lado, o trauma pode afetar as caraterísticas destas superfícies levando à afetação do equilíbrio referido. Os dispositivos protéticos implantados na substituição total da articulação, devem considerar todas estas caraterísticas para melhorar os desenhos actuais e, no futuro, construir produtos adequados com um melhor tempo de vida e com efeitos secundários reduzidos

6. Conclusões e trabalho futuro

6.1. Conclusão

•   A fiabilidade dos resultados da experimentação com amostras biológicas depende dos protocolos seguidos. Uma amostra de cartilagem, por exemplo, só pode ser preservada durante 72 horas. Os protocolos devem ter como objetivo manter as condições ambientais naturais do corpo para preservar as amostras. Para a colheita de amostras, o calor e o stress da ferramenta devem ser controlados para evitar afetar as estruturas das amostras; o calor das ferramentas pode levar à desidratação e à osteonecrose das amostras osteocondrais.

•   O coeficiente de fricção medido em diferentes partes do osso apresentou resultados diferentes. O coeficiente de fricção médio para as porções do planalto é de 0,2 para água destilada e ambiente de solução salina e de 0,1 para o ácido hialurónico, semelhante ao fluido sinovial. O coeficiente de atrito médio para as porções do côndilo foi de cerca de 0,16 para ambientes de água destilada e solução salina e de 0,1 para fluido sinovial. Estes resultados não variam muito quando são aplicadas cargas diferentes.

•   O coeficiente de atrito tende a ser menor nas porções do côndilo do osso, talvez devido à maior espessura da camada de cartilagem, se comparado com as porções do planalto.

•	As cargas de superfície encontradas na cartilagem são negativas e variam com as alterações de pH; para um pH mais elevado, espera-se uma maior magnitude do potencial zeta.

•	A carga de superfície na cartilagem articular, para valores de pH análogos ao pH natural do corpo humano (7-7,5), foi de aproximadamente -35 [mV].

•	Não foi possível determinar relações entre a diferença de pH dos lubrificantes utilizados e o potencial zeta, no entanto, a literatura sugere que valores de pH mais baixos (3 ou menos) apresentam um valor de carga superficial mais baixo.

•	O líquido sinovial apresenta carga negativa, assim como a cartilagem. O líquido sinovial está sempre alinhado com a cartilagem articular por uma fina camada de fosfolípidos existente e carregada positivamente. O líquido sinovial, portanto, não lubrifica diretamente a cartilagem articular, devido às suas cargas, apresentando resistência ao contacto entre as superfícies da cartilagem articular.

•	As variações das cargas de superfície no tecido cartilaginoso das articulações estão fortemente relacionadas com condições médicas que afectam a preservação da cartilagem. Se as cargas de superfície da cartilagem forem modificadas, o equilíbrio perfeito que protege as superfícies da cartilagem é afetado.

6.2. Recomendações para trabalhos futuros

•	Considerando as possíveis falhas que podem ter ocorrido neste trabalho de investigação, apesar de o protocolo ter sido fortemente respeitado, seria recomendável melhorar os protocolos e procedimentos de forma a que o período de tempo entre o abate, a colheita e a experimentação não exceda as 24 horas. Neste sentido, os instrumentos desenvolvidos para a colheita das amostras devem ser especializados para trabalhar com osso e para mitigar, tanto quanto possível, as vibrações, o calor, os danos superficiais e outros possíveis parâmetros negativos que possam afetar a qualidade da amostra.

•	Recomenda-se que, em trabalhos futuros, a experimentação, análise e comparação incluam outros modelos animais com outras caraterísticas da cartilagem. Existem vários outros modelos que são mais exactos em relação à condição do corpo humano. Além disso, os modelos animais devem considerar não só animais saudáveis, mas também aqueles com tecido afetado por determinadas condições, para que se possa recolher e correlacionar mais informações. A experimentação ideal seria realizada em amostras humanas, mas as questões regulamentares podem limitar as possibilidades de o fazer.

•	Para futuras experiências relativas à medição do coeficiente de atrito, seria útil comparar mais do que um tipo de líquido sinovial artificial; seria também de grande importância efetuar experiências com líquido sinovial animal (ou humano) real. A caraterização reológica do líquido sinovial artificial e natural seria de grande interesse na área.

•	Os estudos sobre as medições das cargas superficiais apresentam um importante potencial de investigação no futuro. As cargas superficiais têm uma grande influência no equilíbrio perfeito mantido no corpo humano, pelo que uma análise mais profunda do seu comportamento pode conduzir a melhores tratamentos.

•	Um importante campo de ação para estudos relacionados com as cargas superficiais, os meios de lubrificação e o coeficiente de atrito na cartilagem articular é a ortopedia. As próteses totais de articulações que consigam mimetizar ao máximo estas caraterísticas serão as que terão melhor desempenho, pelo que se recomenda a associação dos materiais e métodos actuais de produção deste tipo de dispositivos biomédicos, de modo a melhorar a sua função e adaptação ao corpo. Uma gestão adequada das cargas de superfície pode ser a pista para reduzir as cirurgias de revisão.

Referências

[1] Oxford Dictionaries, "Tribology," The Oxford University Press, 2015. [Online]. Disponível: http://www.oxforddictionaries.com/es/definicion/ingles_americano/tribology. [Acedido em 30 de agosto de 2015].

[2] I. C. Gebeshuber, "Biotribology inspires new technologies.", *Nano Today,* vol. 2, no. 5, pp. 3037, 2007.

[3] D. Dowson, "Bio-tribology", *The RoyalSociety ofChemistry,* vol. 1, n.º 156, pp. 9-30, 2012.

[4] Centros de Controlo e Prevenção de Doenças, "FastStats", EUA. Department of Healt and Human Services, 2010. [Online]. Disponível: http://www.cdc.gov/nchs/fastats/inpatient-surgery.htm. [Acedido em 29 de agosto de 2015].

[5] Arthirtis Foundation, "What is Arthritis?", Arthritis Foundation, 2015. [Online]. Disponível: www.arthritis.org. [Acedido em 30 de agosto de 2015].

[6] The Engineering Toolbox, "Friction and Coefficients of Friction," The Engineering ToolBox, 2015. [Online]. Disponível: http://www.engineeringtoolbox.com/friction-coefficients- d_778.html. [Acedido em 9 de outubro de 2015].

[7] S. A. M. Tofail e A. A. Gandhi, "Electrical Modifications of Biomaterials' Surfaces: Beyond Hydrophobicity and Hydrophilicity.", em *Biological Interactions with Surface Charge in Biomaterials*, Cambridge, RSC Publishing, 2012, pp. 3-4.

[8] T. Taylor, "InnerBody.com", HowToMedia, 2015. [Online]. Disponível: http://www.innerbody.com. [Acedido em 9 de outubro de 2015].

[9] D. Knudson, Fundamentals of Biomechanics, Nova Iorque: Springer Science + Business Media New York, 2003.

[10] Equipa editorial da Healthline, "BodyMaps -Sketal", Healthline Networks, Inc., 2012-2015. [Online]. Disponível: http://www.healthline.com/human-body-maps/skeletal-system. [Acedido em 10 de outubro de 2015].

[11] Healthline Medical Team, "BodyMaps - Sistema Muscular", Healthline Networks, Inc., 4 de fevereiro de 2015. [Online]. Disponível: http://www.healthline.com/human-body-maps/muscular- system. [Acedido em 10 de outubro de 2015].

[12] J. A. McGeough, Engineering of Human Joint Replacements, Nova Iorque: John Wiley & Sons, 2013.

[13] M. Kent, The Oxford Dictionary of Sports Science & Medicine, Oxford: Oxford University Press, 2007.

[14] S. Pal, Design of Artificial Human Joints and Organs (Conceção de articulações e órgãos humanos artificiais), Nova Iorque: Springer, 2014.

[15] E. Robert, F. Schmidt e W. D. Willis, Encyclopedia of Pain, Berlim: Springer-Verlag Berlin Heidelberg New York, 2007.

[16] C. Little, Entrevistado, *Discussão pessoal sobre as caraterísticas da cartilagem...* [Entrevista]. 7 de outubro de 2015.

[17] J. B. Park e R. S. Lakes, Biomaterials: An introduction (3rd edition), NewYork: Springer, 2007.

[18] T. F. Bergmann e D. H. Peterson, Chiropractic Technique - Principles and Procedures, St: Mosby Elsevier, 2011.

[19] M. Mac Connail e J. Basmajian, A basis for human kinesiology: Muscles and movements, Baltimore: Williams et Wilkins, 1969.

[20] B. A. Winkelstein, Orthopaedic Biomechanics, Boca Raton: CRC Press. Taylor & Francis Group, 2013.

[21] W. A. Wallace, Joint Replacement in the Shoulder and Elbow Joint, Oxford: Butterworth Heinemann, 1998.

[22] J. W, "Anterolateral approach to hip joint", 26 de novembro de 2007. [Online]. Disponível: http://www.wheelessonline.com/ortho/anterolateral_approach_to_hip_joint_watson_jones . [Acedido em 17 de outubro de 2015].

[23] J. P. Paul, "Loading on normal hip and knee joint replacements," in *Advances in Hip and Knee JointTechnology*, Berlim, Springer-Verlag, 1976, pp. 53-70.

[24] 10,000 Steps Australia, "Why 10000 steps a day," Walking with Attitude, 2015. [Online]. Disponível: http://www.10000stepsaustralia.com/Walking-Articles/Why-10000-Steps-a-Day. [Acedido em 2015, outubro 17].

[25] M. Yavropoulou e J. Yovos, 'Osteoclastogenesis--current knowledge and future perspectives.", *J Musculoskelet Neuronal Interact,* vol. 8, no. 3, pp. 204-16, 2008.

[26] D. Knudson, FundamentalofBiomechanics, NewYork: Springer, 2007.

[27] J. M. Mansour, "Biomechanics of Cartilage," in *KINESIOLOGY. THEMECHANICS & Pathomechanics OF HUMAN MOVEMENT*, Baltimore, Lippincott Williams & Wilkin, 2009, pp. 66-79.

[28] C. A. Oati, Kinesiology: The Mechanics and Pathomechanics of Human Movement, Baltimore: Lippincot Williams & Wilkins, 2009.

[29] E. Radin e P. IL, "A consolidated concept of joint lubrication.", *J BoneJoint Surg,* Vols. 54-A, no. 1, pp. 607-616, 1972.

[30] E. Radin, I. Paul e D. Pollock, "Animal joint behavior under excessive loading," *Nature,* vol. 226, no. 1, pp. 554-555, 1970.

[31]   M. Allaby, A Dictionary ofZoology, Oxford: Oxford University Press, 2014.

[32]   M. Blewis, G. Nugent-Derfus, T. Schmidt, B. Schumacher e R. Sah, "A model of synovial fluid lubricant composition in normal and injured joints", *Eur Cell Mater,* vol. 13, no. 1, pp. 26-39, 2007.

[33]   D. James, G. Fick e W. Baines, "A mechanism to explain physiological lubrication.", *J Biomech Eng,* vol. 132, no. 7, pp. 071002:1-6, 2010.

[34]   Instituto Nacional de Artrite e Doenças Musculoesqueléticas e da Pele, "Osteoarthritis," Instituto Nacional de Saúde, abril de 2015. [Online]. Disponível: http://www.niams.nih.gov/Health_Info/Osteoarthritis/. [Acedido em 22 de outubro de 2015].

[35]   Arthritis Foundation, "What is Rheumatoid Arthritis," Arthritis Foundation National Office, 2015. [Online]. Disponível: http://www.arthritis.org/about-arthritis/types/rheumatoid- arthritis/what-is-rheumatoid-arthritis.php. [Acedido em 22 de outubro de 2015].

[36]   Colégio Americano de Reumatologia, "Artrite Reumatoide", Colégio Americano de Reumatologia, 2015. [Online]. Disponível: http://www.rheumatology.org/I-Am-A/Patient- Caregiver/Diseases-Conditions/Rheumatoid-Arthritis. [Acedido em 22 de outubro de 2015].

[37]   MedlinePlus, "Rheumatoid Arthritis," U.S. National Library of Medicine, 7 de janeiro de 2014. [Online]. Disponível: https://www.nlm.nih.gov/medlineplus/rheumatoidarthritis.html. [Acedido em 22 de outubro de 2015].

[38]   I. C. Gebeshuber e R. M. Crawford, "Proc. IMechE," *J. Eng. Tribol,* vol. 1, no. 787, p. 220, 2006.

[39]   S. Glavatskih e E. Hoglund, "Tribotronics-Towards active tribology," *TribologyInternational,* vol. 41, n.º 9-10, pp. 934-939, 2008.

[40]   M. Parkes, C. Myant, P. M. Cann e J. S. Wong, "Synovial Fluid Lubrication: The Effect of Protein Interactions on Adsorbed and Lubricating Films," *Biotribology,* Vols. 1-2, no. 1, pp. 5160, 2015.

[41]   A. Liu, L. M. Jennings, E. Ingham e J. Fisher, "Estudos de tribologia do joelho natural utilizando um modelo animal num novo simulador de joelho natural de articulação completa", *Journal of Biomechanics,* vol. 7, no. 43, pp. 1-8, 2015.

[42]   F. Kennedy, K. Wongseedakaew, D. McHugh e J. Currier, "Tribological conditions in mobile bearing total knee prostheses," *TribologyInternational,* vol. 63, no. 1, pp. 78-88, 2013.

[43]   "Tribologia e substituição total da articulação da anca: Current concepts in mechanical simulation," *Medical Engineering and Physiscs,* vol. 30, no. 10, pp. 1305-17, 2008.

[44]   M. Parkes, C. Myant, D. Dini e P. Cann, "Tribology-optimised silk protein hydrogelsfor articular cartilage repair," *TribologyInternational,* vol. 89, no. 1, pp. 9-18, 2015.

[45]   M. Chandrasekaran, L. Y. Wei, K. K. Venkateshwaran, A. W. Batchelor e N. L. Loh, "Tribology of UHMWPE

tested against a stainless steel counterface in unidirectional sliding in presence of model synovial fluids: part 1," *Wear,* vol. 223, no. 1-2, pp. 13-21, 1998.

[46] C. Myant e P. Cann, "On the matter of synovial fluid lubrication: Implications for Metal-on- Metal hip tribology," *Journal ofthe Mechanical Behavior OfBiomedical Materials,* vol. 34, no. 1, pp. 338-348, 2014.

[47] Anton Paar, "Relatório de aplicação: Biotribological Investigation of Cartilage", Anton Paar GmbH, Graz, ÁUSTRIA, 2015.

[48] Anton Paar, "Relatório de Aplicação: Advanced Tribological Charactrerization of Limiting Friction of Greases," Anton Paar GmbH, Graz, ÁUSTRIA, 2015.

[49] Anton Paar, "The Tribology Measuring Cell - An Overview," in *Antoon Paar Tribometry*, Graz, AUSTRIA, Anton Paar GmbH, 2015, pp. 12-15.

[50] Anton Paar, Manual de Instruções: Célula de medição de tribologia T-PTD200, Graz: Anton Paar, 2011.

[51] J. Lizhang, J. Fisher, Z. Jin, A. Burton e S. William, "The effect of contact stress on cartilage friction, deformation and wear.", *Proceedings ofthe Institution of Mechanical Engineers, Part H:Journal ofEngineering in Medicine,* vol. 225, no. 5, pp. 461-475, 2011.

[52] A. Oshkour, N. Abu-Osman, M. Davoodi, M. Bayat, Y. Yau e W. Wan-Abas, "Knee Joint Stress Analysis in Standing," *BIOMED, IFMBE Proceedings,* vol. 35, n.º 1, pp. 179-181, 2011.

[53] J. Katta, S. Pawaskar, Z. Jin, E. Ingham e J. Fisher, "Effect of load variation on the friction properties of articular cartilage.", *Proceedings ofthe Institution of Mechanical Engineers, Part J: Journal of EngineeringTribology,* vol. 221, no. 3, pp. 175-181, 2007.

[54] S. Chan, C. Neu, K. Komvopoulos e A. Reddi, "The role of lubricant entrapment at biological interfaces: Reduction of friction and adhesion in articularcartilage.", *Journalof Biomechanics,* vol. 44, no. 11, pp. 2015-2020, 2011.

[55] J. A. Williams e R. S. Dwyer-Joyce, "Contact Between Solid Surfaces," in *Modern Tribology Handbook*, Columbus, Ohio, CRC Press LLC, 2001, pp. 121-.

[56] T. E. ToolBox, "The Engineering ToolBox," janeiro de 2016. [Online]. Disponível: http://www.engineeringtoolbox.com/. [Acedido em 28 de abril de 2016].

[57] Lenntech BV, "Biblioteca: Zeta Potential," Lenntech BV, 2016. [Online]. Disponível: http://www.lenntech.es/biblioteca/zeta-potential.htm. [Acedido em 29 de abril de 2016].

[58] Anton Paar, "Analisador eletrocinético para análise de superfície sólida: SurPASS™ 3", Anton Paar GmbH, 2016. [Online]. Disponível: http://www.anton-paar.com/in- en/products/details/electrokinetic-analyzer-for-solid-surface-analysis-surpassTM-3/. [Acedido em 29 de abril de 2016].

[59] T. Luxbacher, O Guia Zeta: Principles of the streaming potential technique, Graz: Anton Paar, 2014.

[60]   R. Covert, R. Ott e D. Ku, "Friction characteristics of a potential articular cartilage biomaterial," *Wear*, vol. 1, n.º 255, pp. 1064-1068, 2003.

[61]   W. Bugbee e F. Convery, "Osteochondral allograft transplantation.", *Clin Sports Med,* vol. 18, no. 1, pp. 67-75, 1991.

[62]   J. Dumbleton, Tribology on Natural and Artificial Joints, Nova Iorque: Elsevier, 1981.

[63]   Z. Laver-Rudich e M. Silbermann, "Cartilage Surface Charge: A Possible determinant in aging and osteoarthritic processes," *Arthritis OndRheumatism,* vol. 28, no. 6, pp. 660-670, 1985.

[64]   B. Reynaud e T. Quinn, "Tensorial Electrokinetics in Articular Cartilage," *BiophysicalJournal,* vol. 91, no. 1, pp. 2349-2355, 2006.

[65]   J. Youn, T. Akkin e T. Milner, "Electrokinetic measurement of cartilage using," *Physiol. Meas.,* vol. 25, no. 1, pp. 85-95, 2004.

[66]   J. Wu, "Tough Double-Network Hydrogels as Scaffolds for Tissue Engineering," in *Technological Advancementsin BiomedicineforHealthcareApplications*, Hershey, PA, Medical Information Science - Reference, 2013, pp. 214-221.

[67]   Y.-C. Kuo e T.-W. Lin, "Electrophoretic Mobility, Zeta Potential, and Fixed Charge Density of Bovine Knee Chondrocytes, Methyl Methacrylate-Sulfopropyl Methacrylate, Polybutylcyanoacrylate, and Solid Lipid Nanoparticles," *J. Phys. Chem. B,* vol. 110, no. 1, pp. 2202-2208, 2006.

[68]   A. Minassian, D. O'Hare, K. Parker, J. URban, K. Warensjo e C. Winlove, "Measurement of the charge properties of articular cartilage by an electrokinectic method," *Journal of Orthopaedic Research;,* vol. 16, no. 6, p. 720, 1198.

[69]   D. James, G. Flick e D. Baines, "A Mechanism to Explain Physiological Lubrication," *Journal of Biomedical Engineering,* vol. 132, no. 1, pp. 1-6, 2010.

[70]   J. B. Park, Biomaterials: An Introduction, NewYork: Springer, 2007.